HISTOIRE DES SCIENCES

SOUS

NAPOLÉON BONAPARTE

PUBLICATIONS
DE
M. GEORGES BARRAL

LE SALON DES BEAUX-ARTS DE 1864............ 1 vol.
LE 93e ANNIVERSAIRE NATAL DE CHARLES FOURIER .... 1 —
IMPRESSIONS AÉRIENNES D'UN COMPAGNON DE NADAR.................................. 1 —
LE LOUAGE D'INDUSTRIE................... 1 —
BRÉVIAIRE DE L'AMOUR EXPÉRIMENTAL, par le Dr Jules Guyot. (Discours préliminaire, notice, lexique).............................. 1 —
MISSEL DE L'AMOUR SENTIMENTAL........... 1 —
LE FAISEUR D'HOMMES, par MM. Yveling Rambaud et Dubut de Laforest. (Préface et notice expérimentale)........................... 1 —
LA LUTTE CONTRE LE PHYLLOXERA, par J. A. Barral. (Introduction)................. ... 1 —
ARTHUR DE BRETAGNE, par Claude Bernard. (Notice historique)........................... 1 —
TRAITÉ CLINIQUE DES FIÈVRES LARVÉES, par le Dr Albert Tartenson. (Préface).............. 1 —
HISTOIRE DES SCIENCES SOUS NAPOLÉON BONAPARTE.................................. 1 —
HISTOIRE D'UN INVENTEUR. — Exposé des travaux et des découvertes de M. Gustave Trouvé dans le domaine de l'électricité................ 1 —
ALMANACH-BARRAL. (Annuellement).......... 1 —
JOURNAL-BARRAL. (Annuellement) .... 1 —
CLAUDE BERNARD. (Bibliothèque Gilon)......... 1 —
BIOGRAPHIES POPULAIRES DES 72 SAVANTS INSCRITS SUR LA TOUR EIFFEL.................... 1 —

Pour paraître prochainement.

L'AMOUR LIBRE................................ 1 —
BIBLE D'AMOUR................................ 1 —
HISTOIRE D'UN PÈRE PAR SES FILS............ 1 —
LE MÉCANISME DE LA VIE ET DE LA MORT...... 1 —

En préparation.

UN BOURREAU................................. 1 —
LE CHANTAGE LÉGAL .... 1 —
LE PACHA BLEU. — MISSIONS ET VOYAGES DE LÉON BARRAL............................. 1 —
DOCUMENTS PHYSIOLOGIQUES................. 1 —

Imprimerie Générale de Châtillon-sur-Seine. — M. Pepin.

HISTOIRE DES SCIENCES

SOUS

NAPOLÉON BONAPARTE

PAR

GEORGES BARRAL

PARIS
NOUVELLE LIBRAIRIE PARISIENNE
ALBERT SAVINE, ÉDITEUR
12, RUE DES PYRAMIDES, 12

1889

AU PRINCE NAPOLÉON

GRAND CROIX DE LA LÉGION D'HONNEUR
MEMBRE DE L'INSTITUT DE FRANCE

Monseigneur,

Je ne suis pas de ceux qui oublient, et j'aime à rappeler ici en plein jour, la tendre et respectueuse affection que mon père a constamment ressentie pour votre personne.

Permettez-moi d'inscrire votre nom sur la première page de ce livre, qui vous revient de droit et de fait, car héritier direct du Grand Empereur, vous avez comme lui encouragé les Sciences. Imitant son exemple, vous vous êtes entouré des plus nobles esprits de votre époque, et comme il l'a été, vous êtes membre de cet illustre Institut de France qui demeure la plus vivante synthèse intellectuelle de l'Univers.

Votre gloire dans l'histoire sera d'être resté un cœur libre et ouvert, d'avoir été calomnié, peu écouté, car semblable à la prophétique Cassandre, vous présagiez souvent aux incrédules les dangers des événements qui se préparaient.

C'est un républicain de vieille date qui vous présente un salut de regret, de sympathie, de gratitude. Je vous l'adresse de la France que vous avez agrandie, en contribuant à lui donner la Savoie, sol natal de mon aïeul paternel, le lieutenant Barral, compagnon d'armes de Junot. Je vous l'envoie avec ferveur, car je sais aussi qu'en 1870, vous avez combattu contre le parti de la guerre ; qu'en 1871, vous avez lutté contre la confiscation de Metz, la ville livrée, mais non vaincue (*virgo invicta, sed violata*), qui a bercé l'enfance de mon père et que mon père adorait.

Vous avez pieusement servi la patrie, et c'est avec une conscience calme et fière, que vous avez pu proclamer n'avoir jamais conspiré contre son repos, son indépendance, l'intégrité de son territoire-

Cet hommage du citoyen au Prince proscrit, ira vous trouver sur la terre d'exil. Il vous répètera que les Français ne savent pas encore employer, vite et bien, cette forme idéale de Gouvernement—la République—à l'exercice de la vraie liberté, à l'application sainte de la trop irresponsable justice, à la grandeur morale et matérielle du pays,—à donner, à pardonner. Sans maître supérieur, nous sommes tous maîtres et despotes, tyrans les uns des autres, esclaves et victimes des ambitions individuelles.

Vous savez par expérience que le sentiment du devoir accompli et le travail persévérant, sont les suprêmes consolateurs. Il n'y a rien au delà dans ce monde fugitif. Et s'il est possible de trouver un apaisement aux tristesses contemporaines et aux persécutions des hommes, on peut le faire en racontant les grandeurs des temps écoulés.

J'ai cherché cette consolation en exposant l'admirable mouvement scientifique qui est né avec Bonaparte, et qui, sous son influence personnelle et immédiate, a pris un développement si extraordinaire pendant le Consulat et le premier Empire. Jamais dans le passé, on n'avait vu une telle floraison de savants illustres et de découvertes fécondes. L'histoire des Sciences sous le règne de Napoléon manquait à l'enseignement. J'ai entrepris de l'écrire à l'instant où le système républicain prédit à la France à Sainte-Hélène, dirige nos destinées ; au moment précis où le chef de l'Etat est le petit-fils de celui même qui fut le protecteur des débuts, le conseiller constant, le collaborateur de la dernière heure et l'ami fidèle du Vainqueur d'Iéna.

J'ai voulu, sur le point de terminer mon ouvrage, revoir Anvers et Waterloo, qui ont été les dernières étapes militaires de Carnot et de Napoléon.

A Anvers, j'ai salué la statue de l'Organisateur des premières victoires de la Révolution. Il n'en a pas à Paris. Je me suis rappelé aussi que ses dépouilles mortelles étaient toujours dans le cimetière de Magdebourg. J'ai considéré cet abandon comme une ingratitude qu'il fallait faire cesser en rapprochant sous le dôme des Invalides les restes de ces deux hommes qui incarnent si glorieusement la lutte contre l'étranger.

A Waterloo, j'ai contemplé, avec une indicible émotion, la vaste plaine où succomba dans un effort suprême, Celui qui avait porté si loin et si haut le renom français. J'ai maudit la trahison de la destinée, ayant pour complices les Prussiens de Blücher. Je me suis rappelé les injures des hommes, et j'ai senti que je devais seulement chercher une justice et un reconfort dans l'intimité sereine des sciences et des savants que Napoléon a tant aimés.

Je vous prie, Monseigneur, d'accepter la publique dédicace de ce livre, qui est une œuvre patriotique et non de parti, et de croire à mon dévouement respectueux et complètement désintéressé.

GEORGES BARRAL.

Ecrit à Mont-Saint-Jean
dans la plaine de Waterloo
le 5 mai 1889.

ÉTUDE

SUR

LA PERSONNALITÉ SCIENTIFIQUE

DE

NAPOLÉON Ier

HISTOIRE DES SCIENCES

SOUS NAPOLÉON

1769-1821

CHAPITRE PREMIER

LE GÉNIE SCIENTIFIQUE DE NAPOLÉON BONAPARTE.

On a voulu voir deux hommes distincts ainsi que deux noms séparés dans Napoléon Bonaparte.

Bonaparte, a-t-on dit, nom frappant, facile à retenir, simple, uni, militaire, à consonnes dures, brèves, sèches, expressives. Nom éminemment convenable au citoyen, général en chef de l'armée d'un peuple libre.

Napoléon, a-t-on ajouté, nom sonore, vibrant, impérial, harmonieux, coulant. Nom doux où les voyelles dominent. Nom admirablement approprié au rôle de maître et d'imperator d'une nation asservie.

Sous ces deux noms, deux individualités, deux

figures, deux physionomies différemment caractéristiques.

L'une, belle et austère, celle du général, telle qu'on la voit reproduite dans le portrait de Guérin gravé par Fiesinger et déposé à la Bibliothèque Nationale, le 29 vendémiaire an VII de la République Française, avec ce simple nom au-dessous : *Bonaparte*.

L'autre, au masque romain, boursouflé, celle des médailles, celle de l'empereur, si souvent reproduite, que tout l'univers connaît et nomme sans même lire la légende : *Napoléon*.

Le premier homme, sobre, ardent, fougueux pour la gloire et la patrie; insensible aux privations; nullement sensuel, presque chaste, jugeant que l'amour est un bagage gênant dans les étapes de la vie, généreux, bon, juste.

Le second homme, tyrannique, presque sanguinaire, alourdi, massif, au génie émoussé, aveuglé, ayant plus du Domitien que du César dans ses allures et ses penchants.

Nous laissons à la passion politique le droit de choisir entre ces deux dessins burinés en traits énergiques. Quant à l'histoire, elle sera plus impartiale et portera bientôt un jugement calme, équitable, définitif sur cet homme extraordinaire.

Nous voulons, en ce qui nous concerne, envisager Napoléon Bonaparte sous un aspect négligé par ses admirateurs, comme par ses ennemis, par les thuriféraires de sa vie, les pamphlétaires de sa gloire, aussi bien par Thiers que par Michelet, par de Norvins que Marco de Saint-Hilaire, Lanfrey que par Bourrienne, Las Cases que par madame de Rémusat et l'abbé de Pradt.

C'est avec le sang-froid scientifique que nous allons étudier et Bonaparte et Napoléon, qui pour la science forment une seule physionomie, dont l'unité est parfaite. Général et empereur, Napoléon Bonaparte, a aimé toujours passionnément les sciences ; il a fait pour elles et pour les savants, ce que nul chef d'armée, nul potentat, n'ont su sacrifier à leur culte et à leur développement, dans aucun temps, dans aucun pays.

L'époque qui s'étend du 15 août 1769 au 5 mai 1821, — de la naissance de Napoléon à sa mort, a été extrêmement féconde en découvertes, en célébrités scientifiques et industrielles. Il est impossible d'en tracer l'histoire, sans y mêler constamment Napoléon, d'autant plus que Napoléon a été un homme essentiellement scientifique. Il a été scientifique dans les combinaisons de la conquête et dans les travaux de la paix. Génie mathématique, avant tout, amoureux à l'excès de l'ordre et de la symétrie, il a mis dans tous ses actes, dans toutes ses opérations, dans toutes ses œuvres, dans la rédaction de ses traités de paix, de ses proclamations militaires, de ses communications diplomatiques une régularité toute géométrique. Ainsi envisagé, il a été délaissé.

Nous avons pensé, au moment où le XIXe siècle qu'il a ouvert, va se fermer très probablement avec la République, prédite par lui, qu'il était intéressant, utile, instructif, juste, de le juger sous cet aspect et de montrer sous le général, le conquérant, le législateur, l'administrateur, le chef d'Etat, l'homme de science, fier de son titre de Membre de l'Institut dont il aimait à se parer.

Nous ne savons ce que le XXe siècle réserve à nos enfants et à ceux de nous qui auront le privilège de franchir la prochaine limite séculaire. Nous devons préparer pour nos héritiers tous les documents nécessaires, et c'est dans un esprit d'absolue impartialité que nous montrerons Napoléon Bonaparte, homme de science, sous sa tunique de lieutenant, sous son habit de général républicain, son uniforme de colonel des chasseurs de la Garde impériale des campagnes de Prusse, sa redingote grise d'Empereur et de proscrit. Le lecteur trouvera dans ce livre les renseignements scientifiques touchant à cette carrière si étonnante, si remplie, cause de tant de mal et tant de bien, appréciée avec trop de sévérité par les uns, trop d'indulgence peut-être par les autres.

Napoléon a toujours parlé de la science avec admiration et gratitude. Il acceptait sa toute-puissance. Il aimait les ineffables satisfactions qu'elle procure à ceux qui la cultivent. Il a cependant peu écrit de mémoires spéciaux. Il n'a pas fait de découvertes ni d'inventions; mais il a exercé sur le mouvement scientifique de son temps plus d'influence que sur le mouvement littéraire, et il a toujours préféré un savant à un poète. Il est vrai que la poésie a été pâle, peu inspirée, sous son règne, tandis que sous son action, les applications de la science à l'industrie ont pris un essor qui ne s'est point arrêté et qui s'élargit encore de nos jours avec une force d'expansion sans pareille dans le passé.

Ce livre a pour but de bien mettre Napoléon à sa place au point de vue scientifique, et de détruire quelques erreurs perfidement propagées, quelques calomnies entretenues à souhait sur son élection à l'Institut, sur son obstination à repousser par exemple, la navigation à vapeur fluviale et maritime, l'aérostation militaire. Tous les écrivains ont dédaigné Napoléon et son temps, quand il a fallu réunir et éclairer tous ces faits qui intéressent si fort l'histoire du progrès. Il existait donc là une véritable lacune. Nous avons cherché à la remplir. Dans son éloqnente péroraison de l'*Histoire du Consulat et de l'Empire*, M. Thiers a écrit que dans la grande vie de Napoléon, il y avait tout à apprendre pour les militaires, les administrateurs, les politiques. Il aurait dû ajouter : *et pour les savants*. Ce volume est destiné à le démontrer.

Il va sans dire que le grand mouvement scientifique qui anime tout le XIXe siècle n'a pas pour source unique l'influence de Napoléon. Avancer une telle prétention serait propager une hérésie, car le progrès réel des sciences remonte au moins à deux cents ans auparavant et il s'est accéléré pendant tout le XVIIIe siècle. C'est de 1789, de la Convention nationale, surtout, puis ensuite de Napoléon que prennent date toutes les merveilleuses découvertes accomplies dans le domaine des sciences appliquées à l'industrie. A partir de ces époques exceptionnelles, les sciences commencent à sortir des sphères élevées des théories pour descendre dans les régions populaires de l'utilité générale.

La situation des sciences au début de la Révolution française est sans précédent. On les avait vues jusqu'alors fleurir sous les gouvernements éclairés, sans devenir prépondérantes dans l'Etat. Le despotisme révolutionnaire leur donna une existence politique. Il s'en servit pour inspirer de la confiance au peuple, pour préparer des victoires et gagner des batailles. Les secours qu'elles fournirent furent si nombreux que l'on voulut les perpétuer. C'est ce qui fit créer notamment les grands établissements d'instruction publique, comme l'Ecole polytechnique et l'Ecole normale.

Les écrivains du siècle de Louis XIV, fait remarquer avec beaucoup de justesse, J.-B. Biot, avaient porté les lettres au plus haut degré de perfection. La langue française leur devait sa pureté et son élégance; toutes ses beautés, toutes ses ressources étaient déployées dans les chefs-d'œuvre de ces temps favorisés. Leurs successeurs ne purent les égaler dans tous les genres où ils étaient à la fois créateurs et modèles. Les parties les plus brillantes de la littérature étant, pour ainsi dire, épuisées, le talent d'écrire vint animer les sciences et embellir la philosophie. Tout cela est vrai et nous en retrouverons les preuves dans la composition des ouvrages de tous les savants, à commencer par Napoléon qui est un écrivain des plus remarquables, tout à fait original, ayant créé un genre nouveau, avec un style puissant et personnel. Avant d'aller plus loin, il est utile de mettre en lumière l'éducation toute scientifique de l'homme dans lequel s'incarne la grande floraison des sciences modernes.

I

ÉDUCATION SCIENTIFIQUE DE NAPOLÉON BONAPARTE

La Corse avait été réunie à la France, en 1768, un peu plus d'un an avant la naissance de Napoléon. En 1777, son père, Charles Bonaparte ayant été nommé membre de la députation envoyée à Versailles, obtint pour son second fils, Napoléon Bonaparte, une bourse à l'Ecole militaire de Brienne, où celui-ci entra le 23 avril 1779, âgé de neuf ans, huit mois et huit jours.

A Brienne, le nombre des élèves n'excédait pas cent dix, dont cinquante étaient aux frais du Roi qui payait pour chacun 700 livres par an, et soixante élèves aux frais de leurs parents qui versaient la même somme. C'étaient des moines de l'ordre des Minimes qui étaient chargés de former l'éducation des officiers de l'armée française. Ils ne s'y entendaient pas trop mal, si on considère les hommes qu'ils ont faits, tels que Napoléon et Pichegru, par exemple. De nos jours, ne sont-ce point encore des ecclésiastiques qui préparent le plus solidement la jeunesse à nos Ecoles scientifiques et militaires?

Le Père Patrault fut le premier professeur de mathématiques du jeune Bonaparte. Il le prit en grande amitié et développa son penchant pour les sciences. Aussi Napoléon ne l'oublia pas, et quand il fut rentré dans la vie séculière après 1789, il le prit comme secrétaire pendant son commandement de l'armée d'Italie.

A Brienne, Napoléon ne fut pas heureux au milieu des jeunes nobles qui s'y trouvaient, tous infatués de leurs noms et regardant la patrie du *petit* Corse (il avait 4 pieds, 10 pouces, dix lignes, c'est-à-dire 1 mètre 58 centimètres), comme un pays de sauvages. On lui reprochait sa pauvreté, on lui jetait à la figure son nom de *Napoleone* que son accent corse lui faisait prononcer *Napoillione*, et que ses camarades traduisaient par *La Paille-au-Nez*. Solitaire, aigri, il se réfugiait dans l'étude des sciences et il en était venu à demander de quitter l'Ecole de Brienne pour prendre un métier manuel. Voici l'admirable lettre qu'il écrivit alors à son père, n'ayant pas atteint douze ans :

De l'Ecole militaire de Brienne, le 5 avril 1781.

Mon père,

Si vous ou mes protecteurs ne me donnent pas les moyens de me soutenir plus honorablement dans la maison où je suis, rappelez-moi près de vous et sur le champ. Je suis las d'afficher l'indigence et d'y voir sourire d'insolents écoliers qui n'ont que leur fortune au dessus de moi, car il n'en est pas un qui ne soit à cent piques au dessous des nobles sentiments qui m'animent. Eh! quoi, monsieur, votre fils serait continuellement le plastron de quelques nobles *paltoquets* qui fiers des douceurs qu'ils se donnent, insultent en souriant aux privations que j'éprouve. Non, mon père, non. Si la fortune se refuse absolument à l'amélioration de mon sort, arrachez-moi de Brienne, donnez-moi, s'il le faut un état mécanique. A ces offres, jugez de mon désespoir. Cette lettre, veuillez le croire, n'est point dictée par le vain désir de me livrer à des amusements dispendieux : je n'en suis pas du tout épris. J'éprouve seulement le besoin de montrer que j'ai les moyens de me les procurer comme mes compagnons d'étude.

Votre respectueux et affectionné fils,

De Buonaparte, cadet.

L'histoire ne dit pas si le père répondit favorablement à la demande si digne, si énergique, si précoce de l'enfant ; mais il est certain que le jeune Bonaparte ne fut pas retiré de l'Ecole de Brienne, où le 15 septembre 1783 arriva le chevalier de Kéralio, maréchal de camp et sous-inspecteur général des Ecoles royales militaires de France. Il vit Bonaparte, qui avait alors tout juste quatorze ans et un mois. Il l'interrogea, le trouva très ferré sur les mathématiques et l'indiqua dans son *Etat des Élèves* comme digne de passer à l'Ecole militaire de Paris. Sur ses notes il écrivit cette phrase : « J'aperçois ici une intelligence qu'on ne saurait trop cultiver. »

A Paris, le jeune Bonaparte reçut des leçons de Monge, de J. B. Labbey. M. de l'Eguille, professeur d'histoire, dit de lui dans son rapport : « Il ira loin si les circonstances le favorisent. » A sa sortie de l'Ecole militaire, il fut examiné par le grand Laplace et fut nommé lieutenant en second d'artillerie le 1er septembre 1785. Il n'avait pas seize ans. A la fin d'octobre, il reçut l'ordre de se rendre en garnison à Valence.

Nous insistons sur l'enfance de Bonaparte pour montrer la direction scientifique donnée à son éducation et à son instruction. Elle était conforme à ses goûts et devait développer d'une façon décisive ses inclinations naturelles. Dans sa carrière, Napoléon qui possédait à un haut degré la passion de la reconnaissance, n'oublia jamais ses premiers professeurs. Il les plaça tous et les combla de ses faveurs. Il ne tint rancune qu'à Bauer, le professeur d'allemand de l'Ecole militaire de Paris. Celui-ci était lourd et borné, et il ne voyait rien au-dessus de ses leçons dont Bonaparte ne profitait pas beaucoup, ce qui inspirait au magister une médiocre estime pour l'élève. Un jour que l'écolier n'était pas à son banc, Bauer s'informa où il pourrait être. On lui répondit qu'il subissait un examen préparatoire pour l'artillerie : « Mais, est-ce qu'il sait quelque chose ? répliqua l'épais M. Bauer. — Comment, monsieur ! — Mais c'est le plus fort mathématicien de l'Ecole, lui fut-il répondu. — Eh bien, je l'ai toujours entendu dire, et j'ai toujours pensé que les mathématiques n'allaient qu'aux bêtes. » C'est Napoléon lui-même qui a rappelé ce mot à Sainte-Hélène ; et comme, il n'avait plus entendu parler de ce professeur : « Je serais curieux, disait-il, de savoir si M. Bauer a vécu assez longtemps pour jouir de son jugement. »

Napoléon n'avait pu acquérir une belle écriture, non plus qu'il s'était fait à la langue allemande. Il en avait aussi gardé quelque rancune au professeur de calligraphie de Brienne, Dupré, qui lui avait donné des leçons pendant quinze mois.

Peu de temps après l'élévation de Napoléon à l'Empire, on raconte qu'un homme âgé et d'une mise simple se présenta à Saint-Cloud et sollicita du grand maréchal Duroc, maître du palais, la faveur d'une audience impériale. Introduit presque aussitôt dans le cabinet de Napoléon : « Qui êtes-vous et que me voulez-vous? demande sèchement l'Empereur. — Sire, répondit l'inconnu, c'est moi, Dupré, qui ai eu le bonheur de donner des leçons d'écriture à Votre Majesté. — Le bel élève, en vérité, que vous avez fait là, monsieur Dupré, je ne vous en fais pas mon compliment. » Puis se prenant à rire de sa brusquerie, il parla avec bienveillance au pauvre vieillard et le congédia doucement en lui promettant de s'occuper de lui. Le vieux professeur reçut, en effet, quelques jours après, le brevet d'une pension de 1200 francs sur la cassette impériale, signé de cette terrible griffe, peu lisible, mais reconnaissable entre toutes comme une griffe de lion, *ex ungue leonem* dont l'Empereur était redevable aux leçons du pauvre Dupré.

Jusqu'au sacre, Napoléon signa toujours *Bonaparte*. Examinée graphologiquement, cette signature révèle le caractère d'un homme *prompt, impérieux, ambitieux, décidé*. L'écriture courante de Napoléon était très mauvaise. Elle représentait l'assemblage de traits sans liaison et presque indéchiffrables. La moitié des phrases était veuve de verbes. Il ne pouvait se relire ou il ne voulait pas en prendre la peine. Si une explication lui était demandée, il reprenait son brouillon qu'il déchirait et jetait au feu et dictait sur de nouveaux frais. C'étaient alors les mêmes idées, mais avec des expressions et une rédaction différentes. Bourrienne qui fut pendant longtemps son secrétaire particulier, raconte qu'il avait soin de tenir à sa disposition de très bonnes plumes, car chargé de déchiffrer son écriture, il était plus intéressé que qui que ce fût, à ce qu'il écrivît le moins mal possible. Il ajoute que Napoléon, heureusement pour lui, écrivait rarement lui-même. Ecrire était pour lui une fatigue réelle, car sa main ne pouvait suivre la rapidité de sa conception. Il ne prenait la plume que lorsque, par hasard, il se trouvait seul, et qu'il avait besoin de confier au papier le premier jet d'une idée; mais après quelques lignes, il s'arrêtait, jetait la plume et appelait Bourrienne. L'orthographe de son écriture était inexacte, quoiqu'il sût bien reprendre les fautes dans l'écriture des autres qu'il voulait lisible. La moitié des lettres manquait aux mots. C'était une négligence passée en habitude. Il ne voulait pas que l'attention qu'il aurait donnée à l'orthographe pût brouiller ou rompre le fil de ses pensées. C'est ainsi qu'il ne put jamais de même acquérir l'habitude de bien parler en public, si ce n'est cependant à ses soldats. Dans les chiffres dont l'exactitude est absolue et positive, Napoléon commmettait aussi des erreurs. Il aurait pu résoudre les problèmes de mathématiques les plus compliqués, et il a fait rarement une addition juste. Là il s'est rencontré avec de profonds génies qui comme Newton, Euler, et plus tard Arago et Le Verrier ne purent jamais se soumettre à l'exactitude mathématique dans les calculs qu'ils dirigèrent, mais qu'ils furent obligés de confier à des auxiliaires.

Bourrienne raconte que Napoléon ne dictait qu'en marchant. Il commençait quelquefois étant assis, mais à la première phrase il se levait. Il se mettait à parcourir dans sa longueur la pièce dans laquelle il se trouvait. Cette promenade durait pendant tout le temps de sa dictée.

Les expressions se présentaient sans effort pour rendre sa pensée. Si elles étaient quelquefois incorrectes, ces incorrections mêmes ajoutaient à leur énergie et peignaient toujours merveilleusement à l'esprit ce qu'il voulait dire. Ces imperfections n'étaient cependant pas inhérentes à sa manière d'écrire; elles échappaient plutôt à la chaleur de l'improvisation. Elles étaient rares et ne subsistaient que quand la nécessité d'expédier sur-le-champ la dépêche ne permettait pas de les faire disparaître dans la copie. Dans ses discours au Sénat ou au Corps législatif, dans ses proclamations, dans ses lettres aux souverains, dans les notes diplomatiques qu'il chargeait ses ambassadeurs de présenter, le style était soigné et approprié au sujet.

Revenons en arrière. Dès les premiers temps de sa garnison à Valence, on voit Bonaparte s'occuper de la réalisation d'un projet qu'il avait conçu à Brienne, quand il venait d'accomplir sa quatorzième année, celui d'écrire *L'Histoire politique, civile et militaire de la Corse.* Ce livre devait commencer aux époques les plus reculées et aller jusqu'à l'annexion de l'île à la France. Bonaparte soumit les deux premiers chapitres à l'abbé Raynal et lui demanda son opinion. L'abbé donna des éloges au travail du jeune officier qui le continua, et y mit la dernière main en janvier 1788, pendant un séjour qu'il fit à Ajaccio. Au mois de mai, il alla en présenter le manuscrit complet à son premier conseiller qui habitait alors Passy et qui l'engagea à publier son œuvre. Pris de scrupule, Napoléon voulut encore avoir l'avis de son ancien professeur de mathématiques à l'Ecole de Brienne, le père Patrault. Celui-ci lui répondit en disant que son travail était méritoire, mais conçu dans un esprit trop hostile à la France avec un souffle d'indépendance trop vif. Napoléon fut blessé de ce jugement. Il mit son manuscrit de côté et l'on n'a jamais su exactement s'il fut égaré ou brûlé. Bonaparte se remit à la méditation et aux mathématiques. Il pensait déjà, comme devait l'écrire Michelet trente-deux ans plus tard, en 1820, (dans le *Journal de sa vie* publié par sa vaillante et digne veuve en février 1888) *que les mathématiques servent à tout, d'abord à calmer les sens*. Il n'aimait pas au reste, comme il disait « qu'on l'empêchât de penser ». C'est pour cela qu'il quitta sans regret Lyon où son régiment avait été envoyé de Valence pour réprimer des troubles. Il s'y trouvait trop bien. — « Et toi, Bonaparte, comment es-tu dans ton logement ? — Moi, répondit-il, je suis dans un enfer ; je ne puis entrer ni sortir sans être accablé de prévenances. Je ne puis rester seul. Il m'est impossible de penser dans cette maudite maison. » Son régiment était à peine arrivé à Auxonne qu'il trouva moyen de louer une chambre dans la maison du professeur de mathématiques de l'École de la ville. M. Lombard le prit en amitié et répétait sans cesse : « Ce jeune homme ira très loin. » Bonaparte qui venait d'atteindre sa vingtième année fut studieux et assidu aux leçons du savant professeur, et pendant que ses camarades prenaient de longs plaisirs, il pensait, il méditait, il faisait de nombreuses promenades emportant des livres. Dans ses courses, il s'arrêtait souvent pour tracer sur le sable du chemin des figures de géométrie avec le bout de son épée. Bonaparte s'était fait un système d'éducation vaste qui comprenait surtout l'histoire et l'étude des connaissances positives, telles que la géologie et l'astronomie, qui donnent à l'intelligence humaine le plus grand développement dont elle est susceptible. C'est de cette époque qu'il gagna une merveilleuse aptitude à mener de front les choses les plus disparates, à varier facilement ses travaux. Son poète favori était déjà Ossian, le barde écossais qui ne se déplaisait pas à faire résonner sa lyre au milieu des tempêtes et chez lequel Napoléon trouvait comme un écho à l'agitation de son âme.

Après des garnisons diverses et des séjours successifs en Corse, Bonaparte fut promu le 14 janvier 1792 au grade de capitaine en second d'artillerie et classé dans la 12e compagnie du 4e régiment en garnison à Valence, sans obligation de rejoindre. Il était alors à Ajaccio. Ainsi Bonaparte était resté de 1785 à 1791, simple lieutenant.

Le 8 mars 1793 seulement, il fut promu au grade de capitaine commandant dans le 4e régiment d'artillerie et pour la première fois son nom figure dans l'Almanach national de la même époque sous cette forme : *Bonaparte*. Peu de temps après, Robespierre jeune le fait nommer général de brigade d'artillerie, le 20 décembre 1793.

A cette époque nous voyons apparaître le premier

des deux hommes qui ont joué un rôle décisif dans la destinée de Bonaparte, Robespierre jeune que nous venons de citer, et pour lequel Napoléon conserva toujours un tendre souvenir. Il en fut de même pour Carnot qui fut son protecteur, son conseiller, et l'ami de la première et de la dernière heure (de 1795 à 1815). C'est Carnot, en effet, qui défendit Bonaparte contre les menées de l'incapable Aubry lorsqu'il lui succéda au Comité de Salut public, et qui n'avait pas craint de mettre à la réforme Bonaparte et Masséna, en arrivant au pouvoir le 5 germinal an III (4 avril 1795). Un peu plus tard, à la journée du 13 vendémiaire an IV (5 octobre 1796), Bonaparte fut indiqué à Barras par Carnot pour défendre la Convention nationale contre l'insurrection des sections. Trois années auparavant, le 20 septembre 1793, c'était Carnot même qui avait contresigné les lettres de service désignant le jeune capitaine d'artillerie pour seconder le général Carteaux à Toulon. Il est intéressant de noter à ce propos que le 3 du même mois, Bonaparte se trouvait à Auxonne quand il apprit la trahison qui avait livré notre principal port de guerre aux ennemis de la France. Les Anglais en avaient pris possession le 27 août. Cet événement avait été connu au camp devant Lyon le 1er septembre et on n'en fut instruit à Auxonne que deux jours après. Bonaparte prit sur cette nouvelle une détermination qui témoigne de l'esprit d'initiative qui ne l'abandonna jamais. Il partit spontanément pour Paris, sans autorisation de son chef, parvint à s'aboucher avec les membres du Comité de Salut public, et obtint d'eux, grâce à Carnot, comme on l'a vu plus haut, l'ordre de commander provisoirement l'artillerie du siège de Toulon. Mais la mission n'avait pas été donnée sans difficulté et la majorité des membres du Comité avait voulu imposer au nouveau capitaine un plan de défense qui lui semblait néfaste. Il dut de ne pas le suivre à l'intelligence du conventionnel Gasparin envoyé pour surveiller l'action militaire. Dans le quatrième codicille ajouté à son testament, le 24 avril 1821, à Longdwood, Napoléon a noté ainsi ce fait intéressant qui est tout à l'honneur de Gasparin, le patriotique ancêtre du comte Adrien de Gasparin, le grand agronome et de ses fils les comtes Agénor et Paul de Gasparin :

» 3° Nous léguons cent mille francs (100,000) au fils ou au petit-fils du député à la Convention, Gasparin, Représentant du peuple à l'armée de Toulon, pour avoir protégé et sanctionné de son autorité, le plan que nous avons donné, qui a valu la prise de cette ville, et qui était contraire à celui envoyé par le Comité de Salut public. Gasparin, nous a mis par sa protection, à l'abri des persécutions de l'ignorance des Etats-Majors qui commandaient l'armée avant l'arrivée de mon ami Dugommier. »

Quelques semaines plus tard par l'exécution du plan de campagne de Bonaparte, adopté au Conseil de guerre du 2 avril 1794, l'armée d'Italie devenait maîtresse, un mois après, de toute la chaîne supérieure des Alpes maritimes, et communiquait avec le poste d'Argentières, dépendant de la droite de l'armée dont le quartier général était à Grenoble. Quatre mille prisonniers, soixante-dix pièces de canon, deux places fortes, Oncilla et Saorgio, enfin l'occupation de la chaîne des Alpes jusqu'aux Apennins, tels furent les résultats de cette belle opération. C'était à Bonaparte que le général en chef Dumerbion se plaisait à en faire honneur. Il disait aux Représentants du peuple de l'armée d'Italie : « C'est au talent du général Bonaparte que je dois les savantes combinaisons qui ont assuré notre victoire. » Et l'officier général qui avait montré ce talent et trouvé ces savantes combinaisons, était un jeune homme qui avait encore deux mois à courir avant d'atteindre sa vingt-quatrième année !

Ce plan était du reste comme le prélude à la campagne d'Italie de 1796 que Bonaparte devait conduire lui-même et qui est vraiment merveilleuse. C'est le type immortel de l'art de la guerre, savant, ponctuel, prompt comme l'éclair. Tout s'y accomplit de point en point, comme le jeune héros l'avait prévu ou pour dire plus justement, comme il l'avait calculé. C'est le modèle de la guerre scientifique, c'est une campagne que l'on pourrait appeler mathématique, a écrit avec raison Pierre Larousse. Aujourd'hui, quand il s'agit de construire un de ces ponts en fer comme ceux qui traversent nos fleuves, le mécanicien ne se livre à aucun travail et à aucune étude sur le terrain. Retiré au fond de son atelier, il trace ses plans, prend ses mesures, fait fabriquer, et quand tout est prêt : tympans, barres, montants, traverses, armatures, crampons, boulons, clavettes, broches, viroles, etc., il ne reste plus qu'une opération toute mécanique, toute machinale de montage ; chaque partie vient prendre la place qui lui a été assignée ; tout cela se monte et se démonte comme les fractions d'un squelette auquel ne manque aucune des innombrables articulations. C'était la méthode inventée par Bonaparte. « Mélas est là ; je l'attirerai ici et je le battrai là. » Et la victoire arrivait, se déduisait mathématiquement comme l'inconnue d'une équation algébrique. Et ce qu'il y a de plus merveilleux encore, c'est que l'homme, c'est que le savant, l'artiste, le législateur, le chef d'Etat ne sera jamais absorbé chez Napoléon par le conquérant. Il pense aux sciences, aux arts, aux lois; il fait envoyer à Paris les plus belles collections de tableaux et d'objets d'histoire naturelle. Il fait étudier sur place par des savants de son choix les ressources du pays. Il n'oublie pas les moindres détails de son gouvernement et trouve le moyen, comme à Moscou, de dicter un règlement d'administration pour la Comédie-Française ! Tout cela au milieu des mille soucis des camps et des nécessités affreuses des batailles. Il en est ainsi pour toutes les campagnes de Napoléon, depuis celles d'Italie et d'Egypte jusqu'à celles de 1813 en Russie, de 1814 en France — jusqu'à Waterloo !

II

CARACTÈRE SCIENTIFIQUE DE L'OEUVRE MILITAIRE DE NAPOLÉON.

Non seulement Napoléon a été, sans aucune espèce de comparaison, le plus grand capitaine des temps modernes, mais on peut dire qu'il a changé l'art de la guerre. Il en a fait un jeu précis qui ne fut plus soumis aux obstacles des saisons. Les généraux les plus habiles s'étaient toujours conformés jusqu'à lui aux indications d'almanachs, et il avait toujours été d'usage en Europe, d'affronter sans crainte les canons et les mousquets depuis les premiers beaux jours du printemps jusqu'aux derniers beaux jours de l'automne ; puis on posait de chaque côté les armes devant la pluie, la neige et le froid pour occuper ce qu'on appelait des quartiers d'hiver. Pichegru, en Hollande, avait donné le premier un exemple du dédain des intempéries, ou plutôt il les avait mises à profit en allant prendre avec sa cavalerie la flotte néerlandaise emprisonnée au milieu des glaçons de la mer du Nord. Bonaparte à Austerlitz affronta la glace du mois de décembre de l'année 1805. Cela lui réussit et le soleil se mit de la partie pour célébrer son audace. Il en fit de même aux approches de l'hiver de 1806 à 1807. Son génie militaire et son incroyable activité semblèrent redoubler de puissance. Il se détermina une seconde fois à entamer une campagne hivernale sous des climats allemands, plus rigoureux que ceux de l'Autriche. Il fallait que les hommes enchaînés à sa destinée pussent braver les vents du Nord, comme ils avaient bravé le plomb du soleil d'Egypte. Le 14 octobre, il remporte la grande victoire d'Iéna qui pèse toujours sur la Prusse et il se précipita au-devant de l'armée russe pour l'empêcher de passer la Vistule. Mais hélas! ce mépris des saisons rigoureuses devait le perdre quelques années plus tard. C'est avec raison que Bourrienne rapporte que l'opinion de tous les hommes sages, avant même les désastres inouïs qui marquèrent la plus épouvantable retraite dont l'histoire ait à conserver le souvenir, fut unanime sur ce point que Napoléon aurait dû passer l'hiver de 1812 à 1813 en Pologne; y fonder même ne fut-ce que provisoirement, comme une grande succursale de son empire, afin de continuer au printemps suivant le cours de sa vaste entreprise. Lui qui connaissait si bien la valeur du temps, ne savait pas assez quelle est sa puissance et que souvent l'on gagne à attendre. Il aurait pourtant dû voir dans les COMMENTAIRES dont il faisait sa lecture favorite, que César ne fit pas en une seule campagne la conquête des Gaules. Lui qui ne voulait pas l'inutile effusion du sang et ne pardonnait pas la faute de laisser derrière soi des places non prises ou non gardées, dut souffrir cruellement dans son orgueil de trouver les frimas supérieurs à sa volonté. Dans l'art militaire comme dans la pratique des affaires, l'exécution rachète tout ; elle fait échouer les meilleures combinaisons, réussir les plus mauvaises, mais à la condition de ne pas être paralysée par les forces vives de la nature.

C'est ce qui arriva à Napoléon pendant la néfaste Expédition de Russie, malgré toute la science qu'il y avait dépensée.

Nous ne prétendons pas défendre son œuvre militaire tout entière. Dans les quatorze campagnes qui la constituent, des fautes ont été commises, parce que l'impatience de son caractère le poussait en avant, pour ainsi dire à son insu, comme s'il eût été soumis à l'influence d'un démon invisible plus fort encore que son génie. Ce démon était l'ambition. Mais il est juste d'isoler la personnalité scientifique de Napoléon de toute la passion politique qui s'est attachée à son nom et à ses actes. Ce qui frappe chez lui c'est l'identité des procédés, sa connaissance profonde des hommes et des choses, et fait très remarquable, son talent à diversifier l'application des grands principes de la guerre, suivant les circonstances, en cherchant toujours à ce que son armée fût au moins égale en force numérique, et surtout supérieure en force morale, à celle qui lui était opposée. Voici le tableau récapitulatif et par ordre de date de l'œuvre militaire de Napoléon Bonaparte :

1. — 1793. — *Armée d'Italie.* — (Avignon, Toulon, Marseille.)
2. — 1796. — *Première campagne d'Italie.* — (Montenotte, Dego, Lodi, Castiglione, Arcole, Mondovi, Rivoli, Tagliamento, Léoben, Campo-Formio.)
3. — 1798. — *Egypte.* — (Alexandrie, Chebreiss, les Pyramides, Mansourah, Le Caire, Aboukir.)
4. — 1799. — *Syrie.* — (Jaffa, Haïffa, Mont-Thabor, Saint-Jean-d'Acre.)
5. — 1800. — *Seconde campagne d'Italie.* — (Passage du Saint-Bernard, Turbigo, Montebello, Marengo, Milan.)
6. — 1805. — *Moravie et Autriche.* — (Elchingen, Ulm, Vienne, Austerlitz, Presbourg.)
7. — 1806. — *Prusse.* — (Saalfeld, Auerstedt, Iéna, Erfurth, Berlin, Leipsig, Magdebourg.)
8. — 1807. — *Pologne.* — (Varsovie, Eylau, Dantzig, Friedland, Tilsitt.)
9. — 1808. — *Espagne.* — (Espinosa, Tudela, Somo-Sierra, Madrid, Ucclès.)
10. — 1809. — *Autriche.* — (Eckmülh, Ebersberg, Essling, Raab, Wagram, Schœnbrunn.)
11. — 1812. — *Russie.* — (Passage du Niémen, Moscou, La Moskowa, Smolensk, La Bérésina.)
12. — 1813. — *Allemagne et Saxe.* — (Lutzen, Bautzen, Dresde, Leipsig, Hanau.)
13. — 1814. — *France.* — (Saint-Dizier, Brienne, Champaubert, Montmirail, Montereau, Arcis-sur-Aube.)
14. — 1815. *Belgique.* — (Ligny, Waterloo.)

Quelques-uns de ces noms flamboyants rappellent des désastres aussi grands que les victoires ont été brillantes et complètes. Ils font, hélas! partie de l'œuvre guerrière de Napoléon, et demeurent comme les témoins terribles de l'insuffisance des combinaisons humaines devant la fatalité des événements que Victor Hugo a rappelée si bien dans son admirable composition du *Retour de l'Empereur* :

. . . .
Nul homme en ta marche hardie
N'a vaincu ton bras calme et fort;
A Moscou, ce fut l'incendie;
A Waterloo, ce fut le sort.
Que t'importe que l'Angleterre
Fasse parler un bloc de pierre
Dans ce coin fameux de la terre
Où Dieu brisa Napoléon;
Et, sans qu'elle-même ose y croire,
Fasse attester devant l'histoire
Le mensonge d'une victoire
Par le fantôme d'un lion.
Oh! qu'il tremble au vent qui s'élève
Sur son piédestal incertain,
Ce lion chancelant qui rêve
Debout dans le champ du destin!
Nous repasserons dans la plaine!
Laisse-le donc conter sa haine,
Et répandre son ombre vaine
Sur tes braves ensevelis!
. . . .

Pour tous les patriotes qui, pendant un séjour en Belgique, vont visiter le Champ de bataille de Waterloo, ces beaux vers résonnent comme un écho douloureux et aussi comme une espérance.

II

CARACTÈRE SCIENTIFIQUE DU GOUVERNEMENT ET DES FONDATIONS DE NAPOLÉON

Dans son goût passionné pour la symétrie, Bonaparte était bien plus que l'enfant de la Révolution. Il en était l'expression mathématique. Les hommes de 89 avaient voulu introduire l'uniformité dans toutes les mesures de la vie matérielle comme de la vie morale, longueur, surface, poids, temps, éducation, pour tout ramener à des unités naturelles, à des règles immuables. Bonaparte se garda bien de lutter contre ce goût. Il adopta toutes les créations de l'Assemblée constituante, de l'Assemblée législative, de la Convention nationale, les développa, les perfectionna ; il les exagéra même. Il mit au service de la rénovation générale une unité de vues extrêmement forte, une puissance de travail extraordinaire. Premier consul, investi du pouvoir exécutif, il se signale aussitôt par une merveilleuse activité. « Je travaille toujours, disait-il, en dînant, au théâtre, en route ; la nuit, je me réveille pour travailler. » M. Théodore Juste a insisté avec raison dans une claire et récente notice sur Napoléon publiée dans la collection Gilon, au sujet de cette énergie physique et morale si rare.

Bonaparte étant un jour allé visiter une école, dit en sortant aux élèves dont quelques-uns avaient été interrogés par lui : « Jeunes gens, chaque heure de temps perdu est une chance de malheur pour l'avenir ! » Cette sentence était en quelque sorte la règle de sa conduite, car jamais aucun homme, peut-être n'a mieux compris la valeur du temps ; aussi peut-on dire que ses loisirs même étaient encore un travail. Si l'activité de son esprit ne trouvait pas suffisamment à s'exercer sur des choses positives, il y suppléait, soit en donnant un libre essor à son imagination, soit en écoutant la conversation des hommes instruits attachés à l'expédition ; car Bonaparte savait écouter, et c'est peut-être le seul homme que l'ennui n'ait jamais atteint un seul instant, excepté cependant quand il était dans la nécessité d'écouter des harangues officielles. Bourrienne rapporte qu'il le lui dit un jour après qu'il eut été en grande cérémonie poser, à la place des Victoires, la première pierre d'un monument qui devait être élevé à la mémoire de Desaix et qui ne fut jamais construit. En rentrant, il était de la plus mauvaise humeur et s'écria : « Concevez-vous, Bourrienne, un animal comme Garat? Quel enfileur de mots ! J'ai été obligé de l'écouter pendant tois quarts d'heure. Il y a des gens qui ne savent pas se taire. »

Aux enfileurs de phrases, comme il appelle les rhéteurs,il préférait la conversation des savants avec lesquels il apprenait au moins quelque chose. A bord de l'*Orient*, vaisseau sur lequel il s'embarqua pour l'expédition d'Egypte, il se plaisait à causer fréquemment avec Monge et Berthollet. Les entretiens roulaient le plus habituellement sur la chimie, sur les mathématiques et la religion. Quelque amitié qu'il témoignât à Berthollet, il était facile de voir qu'il lui préférait Monge, et cela parce que Monge, doué d'une imagination ardente, sans avoir précisément des principes religieux, avait une espèce de propension vers les idées religieuses qui s'harmonisait avec les aspirations de Bonaparte. A ce sujet Berthollet se moquait quelquefois de l'inséparable Monge. D'ailleurs l'imagination froide du premier, son esprit tourné à l'analyse, aux abstractions, penchaient vers un matérialisme qui a toujours souverainement déplu à Bonaparte. Bourrienne qui a été le témoin expérimental de sa vie peut être cru sur beaucoup de détails qui sont véridiques et qu'il faut savoir démêler dans ses Mémoires passionnés et par conséquent injustes. La religion a été chez Napoléon autant une affaire de sentiment qu'un moyen de gouvernement. La science n'a rien à voir dans tout cela, et il nous suffira d'avoir indiqué, en passant, cette particularité pour n'y plus revenir.

Bonaparte sut toujours faire de son temps un partage excellent. Parmi les instructions particulières, curieuses à retenir, il en est une assez singulière, mais très juste, qu'il donna expressément à Bourrienne en ces termes : « La nuit, vous entrerez le moins possible dans ma chambre. Ne m'éveillez jamais quand vous aurez une bonne nouvelle à m'annoncer. Avec une bonne nouvelle rien ne presse. Mais s'il s'agit d'une mauvaise nouvelle, réveillez-moi à l'instant même, car alors il n'y a pas un instant à perdre. » Plus tard, à Sainte-Hélène, Napoléon revint sur cette recommandation et dit : « Ce calcul était bon. Je m'en suis toujours bien trouvé. »

Arrivé au pouvoir, Bonaparte avec une précision toute mathématique et des formules, pour ainsi dire, algébriques, réorganisa l'administration intérieure des finances, l'ordre judiciaire, l'enseignement public. Il est le créateur de l'éducation laïque et nationale. Cependant, il insiste pour que l'instruction classique soit maintenue, convaincu que la connaissance de l'antiquité est nécessaire pour que la France ne forme pas une société sans lien moral avec le passé, uniquement instruite et occupée du présent, c'est-à-dire une société ignorante, abaissée, exclusivement propre aux arts mécaniques. On le voit, pour négocier le Concordat, base du rétablissement de la religion catholique, aux prises, lui esprit droit et scientifique, avec le caractère retors et insidieux de diplomates habiles, comme les cardinaux Caprara et Consalvi. Il prend part à la rédaction du Code civil et met à une rude épreuve le Conseil d'Etat qu'il préside dès le matin jusqu'à une heure avancée de la nuit, sans laisser ni trêve ni repos aux malheureux conseillers qu'il surmène et qui tombent harassés de sommeil, tandis que lui veille toujours et fait la besogne de tout le monde. En 1802, il institue l'ordre de la Légion d'honneur, prestigieuse machine pour mener les hommes et dont tous les gouvernements suivants ont usé et abusé. Le 14 juillet 1804, il fait coïncider l'inauguration de cette fondation avec l'anniversaire de la Bastille et de la grande fédération de 1790, plaçant ainsi sa création sous le patronage même des principes révolutionnaires. Il y eut une brillante solennité dans l'église des Invalides, ayant comme officiant, au milieu de l'éclatante réunion du clergé, de tous les grands dignitaires civils et religieux, l'archevêque de Paris, le cardinal Fesch, oncle de l'Empereur. Et pour donner un caractère suprême à cette cérémonie, et rendre un suprême hommage à la science, Lacépède, le naturaliste, le membre de l'Institut, fut nommé grand chancelier de la Légion d'honneur et chargé ce titre de prononcer un discours pour célébrer les souvenirs du 14 juillet 1789. Napoléon y répondit pour inviter les Légionnaires à porter le serment prescrit à la liberté, à l'égalité, à la fraternité, à la résistance au rétablissement du régime féodal.

Dès le mois de juillet 1802, Napoléon s'était réservé le Droit de grâce, la plus belle prérogative des Chefs d'Etat. Avec une activité sans pareille, nous le voyons se consacrer à la création de ressources financières d'où est sortie l'inconcevable richesse de la France, établir les percepteurs des contributions directes, la régie des droits réunis, restaurer les contributions indirectes, former la Compagnie pour l'escompte des valeurs du Trésor, régler les obligations des Receveurs généraux et leur cautionnement en numéraire, fonder définitivement la Banque de France. A cette époque l'administration des forêts est relevée, la réfection des routes est ordonnée, les canaux de Saint-Quentin, de l'Ourcq, sont terminés sur les plans personnels de Napoléon, en même temps que de vastes travaux sont terminés dans les ports et les arsenaux, et toute la France en quelque sorte, ainsi que la Belgique et la Hollande transformées en un grand chantier maritime. Une deuxième exposition des produits de l'industrie nationale a lieu dans la cour du Louvre ; les préfets et les sous-préfets sont créés pour bien marquer la division définitive du pays en départements. Le Code de commerce est promulgué et le Code rural qu'aucun gouvernement n'a su terminer, est commencé. La Cour des Comptes est organisée pour surveiller la bonne administration des finances et répond au sentiment intime de Bonaparte, qui de toutes les qualités, celle qui influait le plus sur son choix à une fonction, était une probité sévère de la part du postulant. Sous ce rapport, il se trompa rarement. Cambacérès ayant été nommé consul, il fallut pourvoir à son remplacement au Ministère de la justice. Bonaparte désigna Abrial. Celui ci venait de remplir à Naples une mission extraordinaire et avait été précédemment commissaire du gouvernement près le Tribunal de Cassation. En lui remettant le portefeuille, Bonaparte lui dit : « Citoyen Abrial, je ne vous connais pas ; mais on m'a dit que vous étiez le plus honnête homme de la magistrature, et c'est pour cela que je vous nomme ministre de la justice. »

Tandis que l'Empereur Napoléon créait partout des travaux, qu'il ordonnait le percement d'une route partant de Dijon et de Lyon, passant à Genève, traversant le Valais et le Simplon pour tomber sur le lac Majeur et Milan, il s'occupait de transformer Paris. Il décrétait le percement d'une voie triomphale nommée Rue Impériale, qui devait aller de la barrière de l'Etoile à la barrière du Trône, en enclavant dans son parcours les Tuileries et le Louvre. Il voulait que cette rue fût la plus belle voie de l'univers. Il confia à des compagnies l'établissement de trois nouveaux ponts sur la Seine, celui qui aboutit au Jardin des Plantes et qu'on appelle pont d'Austerlitz, celui qui rattache l'île de la Cité à l'île Saint-Louis, celui enfin qui conduit du Louvre au Palais de l'Institut.

A ces magnifiques ouvrages, qui datent tous du premier consulat et qui devaient être multipliés pendant les années de l'Empire, Bonaparte voulut en ajouter un autre en commémoration du passage des Alpes. M. Thiers raconte que les Pères du grand Saint-Bernard avaient rendu de véritables services à l'armée française. Aidés de quelque argent, ils avaient pendant six jours soutenu par des aliments et du vin les forces de nos soldats. Le premier Consul en avait gardé une vive reconnaissance. Il décida l'établissement de deux hospices semblables, l'un au Mont-Cenis, l'autre au Simplon, tous deux succursales du couvent du Grand Saint-Bernard. Ils devaient contenir 15 religieux chacun, et recevoir de la République Cisalpine une dotation considérable en biens fonds. Cette république n'avait rien à refuser à son fondateur. Mais comme ce fondateur aimait en toutes choses une prompte exécution, il fit exécuter les travaux de premier établissement avec l'argent de la France, afin qu'aucun retard ne fût apporté à ces belles créations. Ainsi de magnifiques routes, des établissements d'une noble bienfaisance devaient attester, ajoute M. Thiers, aux âges futurs le passage à travers les Alpes du moderne Annibal.

Bonaparte s'était souvenu que lors de la violation des tombes de Saint-Denis, on avait trouvé le corps du grand Turenne dans un parfait état de conservation. Déposé au Jardin des Plantes, il avait été confié dans la suite au citoyen Alexandre Lenoir, le créateur du Musée des Petits-Augustins. Le premier Consul conçut l'idée généreuse de placer sous le dôme des Invalides la dépouille de ce grand homme. Il choisit le dernier jour complémentaire de l'an VIII, c'est-à-dire la veille du 1er vendémiaire an IX (22 septembre 1800), pour opérer cette translation solennellement à travers Paris. Le précieux dépôt fut placé sous le dôme en présence de Bonaparte avec une pompe extraordinaire, et ce fut Carnot, alors ministre de la guerre, qu'il désigna pour prendre la parole, ne pouvant charger un plus digne de célébrer la gloire du génie militaire scientifique avec lequel il se sentait le plus de rapprochement. L'oraison de Carnot fut simple et touchante, comme il convenait à Turenne.

Au reste, Napoléon ne manqua jamais de rendre un suprême hommage aux grands hommes du passé. C'est ainsi qu'en novembre 1797, pendant sa première campagne d'Italie,il s'était arrêté deux jours à Mantoue, et.consacra le lendemain de son arrivée d'abord à faire célébrer une fête funèbre en l'honneur du général Hoche, que la mort venait de frapper, et ensuite à encourager par sa présence, les travaux que l'on faisait alors à la Virgilienne, monument érigé à Virgile. Ainsi il honorait en même temps la

France et l'Italie, une gloire nouvelle et une ancienne gloire, les lauriers de la guerre et les lauriers de la poésie, dit Bourrienne qui rapporte le fait.

Un homme qui n'avait jamais vu Bonaparte, le vit alors pour la première fois et écrivit à Paris une lettre dans laquelle il le peint de la manière suivante: « J'ai vu avec un vif intérêt et une extrême attention cet homme extraordinaire qui a fait de si grandes choses, et qui semble annoncer que sa carrière n'est pas terminée. Je l'ai trouvé fort ressemblant à son portrait, petit, mince, pâle, ayant l'air fatigué, mais non malade, comme on l'a dit. Il m'a paru qu'il écoutait avec plus de distraction que d'intérêt, et qu'il était plus occupé de ce qu'il pensait que de ce qu'on lui disait. Il y a beaucoup d'esprit dans sa physionomie : on y remarque un air de méditation habituelle qui ne révèle rien de ce qui se passe intérieurement. Dans cette tête pensante, dans cette âme forte, il est impossible de ne pas supposer quelques pensées hardies qui influeront sur la destinée de l'Europe. »

A la dernière phrase, surtout, de cette lettre, on pourrait croire qu'elle a été écrite après coup. Elle fut insérée dans un journal au mois de décembre 1797, peu de temps avant l'arrivée de Bonaparte à Paris.

Là, à Mantoue, se trouvant logé au Palais des anciens ducs, il promit aux autorités que leur département serait un des plus étendus et fit sentir la nécessité d'organiser promptement l'administration et la défense du pays. Il fit venir le mathématicien Mari et lui commanda d'exécuter sans retard ses plans pour la navigation du Mincio. Au reste partout il professa la plus grande déférence pour les illustrations nationales. Quelques années plus tard, se trouvant à Berlin, en 1806, après Iéna, il se fit conduire près du tombeau de Frédéric le-Grand, rendit hommage à son génie, et prit son épée comme les plus belles dépouilles opimes de ses victoires sur la Prusse.

Dans sa course à travers l'Europe, il ne laissa jamais échapper l'occasion de tout voir. Quelques jours avant son entrée à Vienne, en 1805, il se faisait expliquer par un guide le nom de tous les villages et de la moindre ruine qu'il trouvait sur son chemin. Son guide lui montra sur une éminence les restes presque entièrement détruits d'un ancien château-fort : « Voilà, les restes du château de Diernstein. » Napoléon s'arrêta tout d'un coup, prit un air rêveur, et resta quelque temps immobile à contempler ces ruines. Puis se tournant vers le maréchal Lannes qui l'accompagnait à cheval : « Regarde, lui dit l'Empereur, voilà la prison de Richard-Cœur-de-Lion. Lui aussi, il alla, comme nous en Syrie puis en Palestine. Le Cœur-de-Lion, mon brave Lannes, n'était pas plus brave que toi. Il fut plus heureux que moi à Saint-Jean-d'Acre. Un duc d'Autriche le vendit à un Empereur d'Allemagne qui le fit enfermer là. C'était le temps de la Barbarie. Quelle différence avec notre civilisation. On a vu comment j'ai traité l'Empereur d'Autriche que je pouvais faire prisonnier. Eh bien ! je le traiterai encore de même. Ce n'est pas moi qui veux cela, c'est le temps. Il faut respecter les têtes couronnées. Un vainqueur dans un château-fort !... »

Napoléon ne cessa de présenter l'exemple public du travail et la nécessité de s'instruire. Il donnait constamment des leçons à ses lieutenants et leur montrait comment il fallait s'y prendre pour organiser même là où il n'y a rien. Les ordres et les instructions se succédaient avec une rapidité extraordinaire et nuit et jour il y avait du mouvement autour de lui.

Il voulait que chacun se rendît bien compte par ses yeux du terrain et de toutes choses. Pour avoir des officiers pratiques et experts, quand il organisa l'Ecole spéciale militaire il fit un règlement pour assimiler le bataillon de deuxième année à un bataillon d'infanterie. Les élèves faisaient leurs corvées, mangeaient à la gamelle, préparaient eux-mêmes leur cuisine. On entrait à l'Ecole à seize ans, ce qui n'empêcha pas l'Empereur de prescrire avec raison qu'on fît faire aux élèves « au moins une fois par semaine six lieues, le fusil, le sac et le pain pour quatre jours sur le dos. » Ces mesures excellentes ont fait tous les officiers si remarquables de la Grande Armée.

Napoléon avait peu de mémoire pour les noms propres, les mots et les dates; mais il en avait une prodigieuse pour les faits, les localités et les hommes. Il connaissait presque tous les généraux et leur capacité relative. Il ne vit jamais avec chagrin leurs talents et leurs succès, comme on l'a prétendu.

En apprenant la bataille de Hohenlinden, le premier consul qu'on disait jaloux de Moreau fut rempli d'une joie sincère. M. de Bourrienne dit qu'il *sauta de joie* et ce narrateur est peu suspect, car bien qu'il dût tout à Napoléon dont il fut l'adulateur pendant sa vie, il n'a pas semblé s'en souvenir dans ses Mémoires. M. Thiers ajoute avec raison que cette victoire ne perdait rien à ses yeux de son prix parce qu'elle lui venait d'un rival. Il se croyait si supérieur à tous ses compagnons d'armes en gloire militaire et en influence politique qu'il n'éprouvait de jalousie pour aucun d'eux. Il apprenait toujours avec satisfaction tout événement qui contribuait à lui faciliter sa tâche de pacificateur à l'intérieur, de conquérant à l'extérieur, dût cet événement grandir les hommes dont on cherchait à faire ses rivaux. Cependant il portait parfois un jugement sévère sur les hommes de son temps qui s'abandonnaient aux idées chimériques ou bien qui dédaignaient les occupations intellectuelles. C'est ainsi qu'il dit du général Moreau: « Il est naturellement bon, mais trop paresseux pour être instruit. Il ne lit pas ! » C'est ainsi encore qu'il jugea Sieyès de la façon suivante en discutant avec Cambacérès qui disait : « Mais cependant Sieyès est un esprit très profond. — Profond !... C'est creux, très creux que vous entendez, répliqua Bonaparte.» Le mot a été attribué à Talleyrand, mais il ne lui appartient pas.

L'esprit de Napoléon était entraîné naturellement vers les choses positives. Il avait une raison forte qui n'admettait que les vérités démontrées. « Mon jugement, disait-il souvent, me tient dans l'incrédulité de beaucoup de choses; mais les impressions de mon enfance et les inspirations de ma première jeunesse me rejettent parfois dans l'incertitude. » En effet, il n'avait fallu rien moins que son éducation scientifique à partir de Brienne pour tremper énergiquement son esprit pour l'avenir. Il s'appliqua donc dans toutes les circonstances à donner un appui aux progrès de l'industrie et de la science. Sa générosité fut toujours extrême envers les inventeurs et les négociants, et elle répondit au sentiment public qui applaudit aux secours offerts entre autres au manufacturier Oberkampf, fondateur des magnifiques établissements de Jouy-en-Josas, à la grande maison Gros, Odée, Roman et compagnie, de Wesserling, à l'association Richard-Lenoir, et à beaucoup d'autres que les événements jetaient dans l'embarras. Il dota les manufactures de Sèvres, des Gobelins, de Saint-Gobain et donna une vive impulsion à la culture de la betterave et à la création des sucreries indigènes. Lors de la grande découverte des métaux alcalins par Humphry Davy, en 1806, il s'empressa d'envoyer à l'Ecole polytechnique une pile électrique très puissante, avec laquelle Gay Lussac et Thenard firent une quantité d'expériences qu'ils ont publiées dans leurs *Recherches physico-chimiques*. Il a été généreux pour toutes les grandes découvertes industrielles, bien plus que tous les gouvernements l'ont été avant lui, de son temps et après lui, et le premier il crut à la possibilité de créer des filatures mécaniques pour la laine, le chanvre et le lin.

Ce goût des sciences, ce penchant aux idées positives, sont curieux à étudier chez un homme dont les ascendants avaient donné des preuves de facultés plutôt littéraires, poétiques et artistiques dont héritèrent principalement les frères et les sœurs de Napoléon ainsi que leurs descendants. Chez Napoléon tout ce qui était conjectural le laissait froid. Il affecta de ne jamais croire à la médecine ni à l'efficacité des remèdes. Il prétendait que le corps humain est une montre que l'horloger ne peut pas ouvrir pour la réparer et que les médecins y introduisaient trop à l'aveuglette et leurs instruments et leurs médicaments. Toutefois, il avait trop de sens pour ne pas accorder à la science accumulée des siècles, la confiance qu'elle mérite, et après ses boutades, contre les praticiens médiocres, il convenait qu'un homme supérieur et de grande expérience était toujours bon à consulter. Aussi disait-il souvent : « Je ne crois pas à la médecine, mais je crois à Corvisart. » Il semblait pressentir que la science médicale était appelée aussi à faire d'énormes progrès. Que dirait-il aujourd'hui du pas immense que les Magendie, Claude Bernard, Nélaton, Velpeau, Pasteur, etc., lui ont fait faire dans le domaine des données positives!

On raconte qu'un jour dans une de ces promenades dans Paris, qu'il aimait à faire à pied, et sans le moindre apparat, il s'arrêta devant la fontaine de l'ancienne et historique place située à l'extrémité de la rue de la Harpe, aujourd'hui mutilée et remplacée en partie par le boulevard Saint-Michel depuis 1860. La rue montait alors jusqu'au jardin du Luxembourg et ce monument construit sous Louis XIV se trouvait érigé à peu près à la hauteur actuelle de la maison portant le n° 59. Santeuil, le poète moderne latin avait composé pour cette fontaine le distique suivant qu'on lisait sur son fronton :

Hoc in monte suos referat Scientia fontes :
Nec tamen hanc pure respue fontis aquam.

Et qu'on peut rendre assez fidèlement en français par les deux alexandrins suivants :

Sous ce roc la Science a ses sources profondes :
Viens toujours t'abreuver à ses limpides ondes.

Napoléon lut l'inscription, médita un instant et dit : « Je ne veux pas d'autres sources pour la jeunesse. Cette fontaine est bien placée dans cet endroit. Il ne faut pas qu'elle disparaisse. » C'était en 1810. Cinquante ans après, sous le règne de Napoléon III qui ne se souvint pas de la recommandation de son glorieux prédécesseur, elle fut rasée et jetée aux démolitions. L'anecdote que nous venons de rapporter a été racontée par un témoin oculaire, François Arago, à mon père J. A. Barral qui a été l'exécuteur scientifique de ses œuvres et le dernier confident de ses pensées. A cette époque le futur grand savant avait vingt-quatre ans; c'était lui à qui le 3 décembre 1804, Napoléon avait remis solennellement le drapeau de l'Ecole Polytechnique, comme sergent-major de la promotion des anciens; c'était lui aussi qui n'avait pas craint de faire de l'opposition au sénatus-consulte du 18 mai 1802 (an XII) qui changeait entièrement l'ancienne constitution de l'Etat et était ainsi conçu: « Le Gouvernement de la République est confié à un Empereur qui prend le titre d'Empereur des Français. » Depuis longtemps, Bonaparte avait pensé à ce titre comme étant le plus convenable à la nouvelle souveraineté qu'il voulait fonder. Il trouvait que ce n'était pas rétablir tout à fait l'ancien régime et il s'appuyait principalement sur ce que c'était le titre que César avait porté. Il disait souvent : « On peut être empereur d'une République mais non pas roi d'une République. Ce sont deux termes qui jurent ensemble. » Cette explication est assez piquante pour être rappelée ici et montrer que Napoléon savait fort bien son latin en rappelant par là qu'*imperator* voulait dire simplement *chef*. Au reste le trône pour lui-même était peu de chose. Ne devait-il pas dire de lui quelques années plus tard, le 1er janvier 1814, dans un discours adressé aux députés, au milieu des circonstances les plus solennelles : « Qu'est-ce que le trône ?— Quatre morceaux de bois revêtus d'un morceau de velours. Tout dépend de celui qui s'y assied. » Napoléon fut toujours imbu de cette idée que l'homme dans tous les événements de la vie, n'a d'action que par sa valeur personnelle et qu'avant tout il doit songer à sa renommée et aux services qu'il peut rendre. En août 1801, il formule ainsi sa pensée sur ce sujet en écrivant à son jeune frère Jérôme : « Mourez jeune, j'y consens, mais non pas si vous viviez sans gloire, sans utilité pour la patrie. sans laisser de trace de votre existence, car c'est n'avoir pas existé. »

Dans cet aperçu condensé que nous avons fait de l'esprit symétrique et des tendances instinctives de Napoléon à l'harmonie scientifique, nous ne pensons pas avoir négligé les principaux traits de ce génie fécond et organisateur. Il fut extraordinaire dans la conception, tout à fait supérieur dans l'exécution, et avec une volonté ardente et ponctuelle, il a donné aux temps modernes une direction qu'ils suivent toujours. L'œuvre de Napoléon a été grande, parce que le génie était grand, bien préparé à une situation exceptionnelle par une solide éducation scientifique.

CHAPITRE DEUXIÈME

NAPOLÉON, ÉCRIVAIN SCIENTIFIQUE ET PENSEUR.

La connaissance du génie scientifique de Napoléon ne serait pas complète, si on ne consacrait une étude spéciale à ses aptitudes intellectuelles et à ses procédés de style. On verra, qu'à l'instar d'Alexandre et de César, il aima passionnément les travaux de l'esprit, qu'il a été un plus grand écrivain que l'auteur des *Commentaires*.

Bourrienne, un des témoins les plus intimes de la vie de Napoléon, prétend qu'il était insensible au charme de l'harmonie poétique, qu'il chantait faux et n'avait pas même assez d'oreille pour sentir la mesure des vers et en réciter un sans altérer le mètre. Mais les grandes pensées le charmaient. Il idolâtrait Corneille, et cela au point qu'un jour après une représentation de *Cinna*, il dit à Bourrienne : « Si un homme comme Corneille vivait de mon temps, j'en ferais un ministre. Ce n'est pas ses vers que j'admire le plus, c'est son grand sens, sa grande connaissance du cœur humain, c'est la profondeur de sa politique. » Il a ajouté à Sainte-Hélène qu'il aurait fait Corneille prince. C'est certainement vrai, mais à l'époque où il parlait (1797) de l'auteur du *Cid*, en termes qu'on vient de lire, il ne pensait pas encore à faire des princes et des rois.

Bonaparte aimait la lecture et les livres et méprisait les hommes qui ne lisaient point. Désirant se faire une petite bibliothèque de camp en volumes in-18, il en rédigea la note qu'il remit à son secrétaire Bourrienne pour les lui acheter, le 12 avril 1798, le jour même où il fut nommé général en chef de l'armée d'Orient. Cette note que voici est faite de sa main ; elle montre ce qu'il préférait dans les sciences et la littérature. C'est un document peu connu et précieux à retenir.

Bibliothèque du camp.— 1° Sciences et arts. — 2° Géographie et Voyages. — 3° Histoire. — 4° Poésie. — 5° Romans. — 6° Politique et Morale.

1° Sciences et Arts.

Mondes de Fontenelle..................	1 vol.
Lettres à une princesse d'Allemagne.....	2 —
Le Cours de l'École Normale............	6 —
Aide nécessaire pour l'artillerie.........	1 —
Traité des fortifications.................	3 —
Traité des feux d'artifices..............	1 —

2° Géographie et Voyages

Géographie de Barclay..................	12 vol
Voyages de Cook.......................	3 —
Voyages français de la Harpe............	24 —

3° Histoire

Plutarque	12 vol.
Turenne	2 —
Condé	4 —
Villars	4 —
Luxembourg	2 —
Duguesclin	2 —
Saxe	3 —
Mémoires des Maréchaux de France	20 —
Président Henault	4 —
Chronologie	2 —
Marlborough	4 —
Prince Eugène	6 —
Histoire philosophique des Indes	12 —
D'Allemagne	2 —
Charles XII	1 —
Essai sur les mœurs des Nations	6 —
Pierre-le-Grand	1 —
Polybe	6 —
Justin	2 —
Arrien	3 —
Tacite	2 —
Tite-Live	» —
Thucydide	2 —
Vertot	4 —
Douina	8 —
Frédéric II	8 —

4° Poésie

Ossian	1 vol.
Tasse	6 —
Arioste	6 —
Homère	6 —

Virgile	4 vol.
Henriade	1 —
Télémaque	2 —
Les Jardins	1 —
Les chefs-d'œuvre du Théâtre français	20 —
Poésies légères (choisies)	10 —
Lafontaine	» —

5° Romans

Voltaire	4 vol.
Héloïse	4 —
Werther	1 —
Marmontel	4 —
Romans anglais	40 —
Le Sage	10 —
Prévost	10 —

6° Politique

Le Vieux Testament
Le Nouveau
Le Coran
Le Vedam
Mythologie
Montesquieu
L'Esprit des Lois

On voit que Bonaparte classe les livres religieux des peuples dans la politique. C'est avec intention qu'il le fait, car la religion a toujours été le premier moyen employé pour conduire l'humanité naissante. La tolérance religieuse qu'il a toujours pratiquée partout était la conséquence naturelle de son esprit philosophique. Il était d'avis qu'un conquérant habile doit soutenir ses triomphes en protégeant, en vantant et en élevant même la religion du peuple conquis. Bonaparte avait pour principe de regarder les cultes établis par les hommes, comme de droit divin, pensant qu'ils étaient un puissant moyen de gouvernement.

Il est curieux de noter que dans cette liste historique, Bonaparte cite les ouvrages, tantôt par leurs titres, tantôt par les auteurs seulement. Les nombres de volumes sont indiqués sur ce document de sa main même. Là où les chiffres manquent, c'est qu'il ne les a pas mis.

Pendant une dizaine d'années, Napoléon se contenta de cette collection volante, d'autant plus que cette période comprend l'intervalle pacifique le plus long, d'octobre 1801 à octobre 1805, de tout son règne, et que pendant ces quatre années, il eut à sa disposition les magnifiques volumes des Tuileries, de la Malmaison et du château de Fontainebleau. Mais en 1809 il voulut la renouveler, et à la veille de partir pour la campagne d'Espagne il donna l'ordre à M. Barbier, son bibliothécaire, de lui réunir en volumes petit format une assez nombreuse bibliothèque de voyage. M. Louis Barbier, ancien conservateur-administrateur de la Bibliothèque du Louvre, a fourni sur ce sujet des renseignements très intéressants qu'il a trouvés dans les papiers laissés par son père. Ils montrent Napoléon intellectuel sous un jour trop négligé pour que nous hésitions à les emprunter au supplément du 29 novembre 1884 du journal *Le Figaro* qui les a publiés pour la première fois.

Plusieurs caisses de livres, renfermant chacune environ soixante volumes furent presque immédiatement apportées aux Tuileries, et elles ne tardèrent pas à être enfermées dans les fourgons qui allaient suivre la voiture de l'Empereur.

Ces livres, format in-8 ou petit in-12, étaient rangés dans des caisses très portatives, à peu près comme sur les rayons d'une bibliothèque. Confectionnées par le célèbre ébéniste Jacob, elles furent faites d'abord en acajou massif; mais l'usage ayant fait reconnaître qu'elles n'étaient pas assez solides pour les voyages, on fut forcé de les remplacer par des boîtes beaucoup plus simples recouvertes en cuir.

Chaque caisse ou boîte, garnie intérieurement en velours ou en drap vert, renfermait deux rangs de livres reliés en maroquin. Un catalogue, par ordre de matières, avec table des noms d'auteurs, indiquait les ouvrages contenus dans les diverses caisses; elles étaient numérotées extérieurement, et un chiffre de renvoi se trouvait porté au catalogue, à la suite de chaque ouvrage; par ce moyen, on avait à l'instant l'indication de la caisse ainsi que du rang où étaient les livres.

Aussitôt que l'Empereur avait fixé l'endroit où devait être établi son quartier général, ces petites caisses étaient rangées sur des tables quand on en trouvait, ou sur des planches que supportaient des tréteaux, et même souvent placées à terre dans la pièce destinée à former son cabinet, où l'on réunissait également les portefeuilles contenant ses papiers et ses cartes.

Au mois de juin 1809, pendant les premières semaines de son séjour au palais de Schœnbrünn, Napoléon ayant voulu avoir quelques ouvrages qui ne faisaient pas partie de sa bibliothèque de voyage, fut très contrarié d'apprendre que ces livres, ainsi que plusieurs autres qu'il avait désiré lire ou consulter, n'avaient pas pu, à cause de la grandeur du format, être placés dans les caisses. Mécontent de trouver aussi diverses éditions mal imprimées, ou dans un format qui ne lui convenait pas, après avoir fait écrire plusieurs fois à son bibliothécaire, il dicta au baron de Meneval la note suivante, qui fut aussitôt adressée à M. Barbier :

Schœnbrünn, 12 juin 1809.

« L'Empereur sent tous les jours le besoin d'avoir une Bibliothèque de voyage, composée d'ouvrages d'histoire. Sa Majesté désirerait porter le nombre des volumes de cette Bibliothèque à trois mille, tous du format in-18 du Dauphin, ayant de quatre à cinq cents pages, et imprimés en beaux caractères de Didot, sur papier vélin mince. Le format in-12 tient trop de place, et d'ailleurs, les ouvrages imprimés dans ce format sont presque tous de mauvaises éditions.

» Les trois mille volumes seraient placés dans trente caisses, ayant trois rangs, chaque rang contenant trente-trois volumes.

» Cette collection aurait un titre général et un numéro général, indépendamment du titre de l'ouvrage et du numéro des volumes de l'ouvrage. Elle pourrait se diviser en cinq ou six parties.

» 1° Chronologie et Histoire Universelle ;

» 2° Histoire Ancienne, par les originaux, et Histoire Ancienne, par les modernes ;

» 3° Histoire du Bas-Empire, par les originaux, et Histoire du Bas-Empire, par les modernes ;

» 4° Histoire générale et particulière, comme l'*Essai de Voltaire*, etc.

» 5° Histoire moderne des Etats de l'Europe, de France, d'Italie, etc.

» Il faudrait faire entrer dans cette collection : *Strabon*, les *Cartes anciennes de d'Anville*, la *Bible*, quelque *Histoire de l'Eglise*.

» Voilà le canevas de cinq ou six divisions, qu'il faudrait étudier et remplir avec soin.

» Il faudrait qu'un certain nombre d'hommes de lettres, gens de goût, fussent chargés de revoir ces éditions, de les corriger, d'en supprimer tout ce qui est inutile, comme notes d'éditeurs, etc., tout texte grec ou latin, ne conserver que la traduction française. Quelques ouvrages, seulement italiens, dont il n'y aurait pas de traductions, pourraient être conservés en italien.

» L'Empereur prie M. Barbier de tracer le plan de cette Bibliothèque et de lui faire connaître le moyen le plus avantageux et le plus économique de faire faire ces trois mille volumes.

» Lorsque ces trois mille volumes d'HISTOIRE seraient achevés, on les ferait suivre par trois mille autres d'HISTOIRE NATURELLE, de VOYAGES, de LITTÉRATURE, etc. La plus grande partie serait facile à rassembler, car on trouve beaucoup de ces ouvrages dans le format in-18.

» M. Barbier est aussi prié d'envoyer une liste de ces ouvrages, avec des notes bien claires et bien détaillées sur tout cela, sur les hommes de lettres qu'on pourrait en charger, un aperçu du temps et de la dépense, etc. »

Au retour de la campagne d'Autriche M. Barbier mit, à Fontainebleau, sous les yeux de l'Empereur le catalogue raisonné qu'il avait demandé pendant son séjour à Schœnbrünn, et il joignit à ce travail, le rapport suivant :

Rapport à Sa Majesté l'Empereur et Roi sur la formation d'une Bibliothèque Historique, composée de 3,000 volumes in-18.

SIRE,

« Votre Majesté m'a ordonné de lui former une *Bibliothèque Historique*, composée de trois mille volumes in-18, d'environ 500 pages chacun.

» Elle a daigné tracer elle-même le plan et les principales divisions de cette bibliothèque.

» Pour remplir convenablement les vues de Votre Majesté, il faudrait qu'il existât, sur chaque partie du Monde, un ouvrage qui la fît suffisamment connaître sous les rapports industriel, civil, politique et religieux ; ou bien il faudrait analyser avec tant d'habileté les ouvrages qui existent, que cet extrait présentât une histoire suivie et régulière.

» Sur la fin du dix-septième siècle le savant Puffendorff

donna une idée de ce dernier travail, en publiant son *Introduction à l'Histoire des principaux Etats de l'Europe.* Cet ouvrage, traduit d'abord en français, en quatre petits volumes in-12, fut considérablement augmenté vers le milieu du dix-huitième siècle, puisqu'à cette époque ce livre formait huit gros volumes in-4°.

» Quelque mérite qu'ait cette nouvelle édition, l'ouvrage ne remplit pas l'attente de ceux qui voulaient étudier l'histoire avec le soin convenable.

» Vers le même temps, les Anglais rédigèrent, sur un plan beaucoup plus vaste, une *Histoire universelle* dont nous avons une traduction en quarante-cinq volumes in-4°. Cette collection, quoique très étendue, laisse encore beaucoup à désirer : de tels ouvrages ont nécessairement le défaut des abrégés ; ce sont des squelettes où il manque la chair et les couleurs.

» Ces essais, plus ou moins malheureux, d'un corps complet d'Histoire, ont sans doute inspiré à Votre Majesté l'idée de réunir les meilleurs ouvrages qui existent, sur chaque partie du Monde pour en former une *Bibliothèque historique.*

» Le catalogue ci-joint a été rédigé d'après cette idée, grande et simple en même temps : une Bibliothèque historique doit être le tableau fidèle du monde connu. Les anciens ne nous ont laissé qu'une partie de ce tableau. Il s'est étendu sous la main des modernes. D'intrépides voyageurs y ajoutent tous les jours quelques traits. Il faut donc joindre les historiens modernes aux anciens, et les voyageurs aux historiens. Il doit résulter de cette réunion une connaissance de chaque pays et de chaque nation, aussi approfondie que le permet l'état de nos lumières.

» J'ai partagé l'Histoire en trois parties, savoir :

Histoire Civile,
Histoire Militaire,
Histoire Religieuse.

» Tous les ouvrages sont réduits, en idée, au format in-18.

» Les dates placées devant chaque titre, sont celles de la publication des ouvrages, de leurs traductions, ou de leurs meilleures éditions.

» Je m'estimerai heureux, Sire, si ces détails peuvent conduire à l'exécution du plan conçu par Votre Majesté. »

Novembre 1809.

BARBIER.

Nous transcrivons, à la suite de ce rapport, la note qui l'accompagnait et dans laquelle se trouvaient les renseignements demandés par l'Empereur.

Aperçu de la dépense qu'occasionnera l'impression des trois mille volumes in-18 de la Bibliothèque historique, et du temps nécessaire pour l'impression de ces volumes.

« Pour fixer avec quelque certitude la dépense qu'occasionnera l'impression des trois mille volumes dont la *Bibliothèque historique* sera composée, il faut faire deux suppositions : par la première, on tirerait cinquante exemplaires de chaque ouvrage ; par la seconde, on en tirerait cent exemplaires.

» Dans le premier cas, la dépense pour l'impression et la reliure en veau, serait de 4,080,000 fr., y compris le papier et les honoraires des hommes de lettres qui seraient chargés de la révision des ouvrages, et de la correction des épreuves. En ajoutant 355, 000 fr., les volumes seraient reliés en maroquin ; ce qui formerait une somme de 4,435,000 francs.

» Dans le second cas, l'impression et la reliure en veau coûteraient 4, 725,000 fr., y compris le papier, etc. ; si on adopte la reliure en maroquin, la somme s'élèverait à 5,475,000 francs.

» Il faudra ajouter, à l'une ou à l'autre de ces sommes, 1,000,000 pour la confection des *Cartes géographiques*.

» Les trente caisses en bois d'acajou, qui pourraient contenir les trois mille volumes, coûteraient 10, 000 fr. environ.

» La dépense totale pourrait donc s'élever à 5,445,000 fr. dans la première supposition, et à 6,485,000 fr., dans la seconde.

» En prenant : 1° cent vingt compositeurs d'imprimerie; 2° vingt-cinq hommes de lettres pour revoir les ouvrages, y faire les retranchements convenables, et corriger les épreuves; 3° un homme, très versé dans la pratique de l'imprimerie, qui serait chargé de distribuer les matériaux aux compositeurs, et d'arranger les parties imprimées : on aurait un volume et demi par jour, ou cinq cents volumes par an ; il faudra donc six ans pour l'exécution des trois mille volumes.

» Si, au lieu de cent exemplaires, on en tirait trois cents, pour en mettre deux cents dans le commerce, ces deux cents exemplaires, vendus à cinq francs le volume, rapporteraient trois millions. »

Novembre 1809.

BARBIER.

L'Empereur examina avec intérêt le catalogue que lui soumit son bibliothécaire, qui lui présenta en même temps différents *Spécimens*, exécutés à l'Imprimerie impériale, comme modèles du caractère, du format, de la justification, et du papier des volumes de cette collection. Ces feuillets, papier vélin, in-18, étaient des extraits de l'*Examen critique des Historiens d'Alexandre*, par le baron de Sainte-Croix, membre de l'Académie des Inscriptions et belles-lettres.

Napoléon, pendant sa résidence au château de Marrasc, près Bayonne, en 1808, avait fait adresser à son bibliothécaire, un autre projet de Bibliothèque portative ; comme ce plan a quelque rapport avec celui qui fut dicté par l'Empereur à Schœnbrünn, au mois de juin 1809, il nous a semblé que la réunion de ces deux projets pouvait avoir de l'intérêt, et, par ce motif, nous reproduisons ici cette note également écrite sous la dictée de Napoléon.

Bayonne, 17 juillet 1808.

« L'Empereur désire se former une Bibliothèque portative d'un millier de volumes, petit in-12, imprimés en beaux caractères. L'intention de Sa Majesté est de faire imprimer ces ouvrages pour son usage particulier, sans marge pour ne point perdre de place. Les volumes seraient de cinq à six cents pages, reliés à dos brisé et détaché, et avec la couverture la plus mince possible. Cette Bibliothèque serait composée d'à peu près :

» 40 volumes de RELIGION ;
» 40 — des ÉPIQUES ;
» 40 — de THÉATRE ;
» 60 — de POÉSIE ;
» 100 — de ROMANS ;
» 60 — d'HISTOIRE ;

» Le surplus, pour arriver à mille, serait rempli par des *Mémoires historiques* de tous les temps.

» Les ouvrages de RELIGION seraient l'Ancien et le Nouveau Testament, en prenant les meilleures traductions ; quelques Epîtres et autres ouvrages les plus importants des Pères de l'Eglise ; — le Koran ; — de la Mythologie ; — quelques Dissertations choisies sur les différentes sectes qui ont le plus influé dans l'Histoire, telles que celles des Ariens, des Calvinistes, des Réformés, etc. ; — une histoire de l'Eglise, si elle peut être comprise dans le nombre des volumes prescrit.

» Les ÉPIQUES seraient : Homère, Lucain, le Tasse, Télémaque, la Henriade, etc.

» Les TRAGÉDIES. — Ne mettre de Corneille que ce qui est resté ; ôter de Racine les *Frères ennemis*, l'*Alexandre* et les *Plaideurs* ; ne mettre de Crébillon que *Rhadamiste*, *Atrée* et *Thyeste* ; de Voltaire, que ce qui est resté.

» L'HISTOIRE. — Mettre quelques-uns des bons ouvrages de Chronologie ; les principaux originaux anciens ; — ce qui peut faire connaître en détail l'Histoire de France.

» On peut mettre, comme Histoire, les Discours de Machiavel sur Tite-Live, l'Esprit des lois, la Grandeur des Romains; — ce qu'il est convenable de garder de l'Histoire de Voltaire.

» Les ROMANS. — La Nouvelle Héloïse et les Confessions de Rousseau. On ne parle pas des chefs-d'œuvre de Fielding, Richardson, de Le Sage, etc., etc., qui trouvent naturellement leur place — les Contes de Voltaire.

» *Nota* Il ne faut mettre de Rousseau, ni l'*Emile*, ni une foule de Lettres, Mémoires, Discours et Dissertations inutiles; même observation pour Voltaire.

» L'Empereur désire avoir un Catalogue raisonné, avec des notes qui fassent connaître l'élite des ouvrages et un Mémoire sur ce que ces mille volumes coûtereient de frais d'impression, de reliure; ce que chaque volume pourrait contenir des ouvrages de chaque auteur; ce que pèserait chaque volume, combien de caisses il faudrait, de quelles dimensions; et quel espace cela occuperait.

» L'Empereur désirerait également que M. Barbier s'occupât du travail suivant avec un de nos meilleurs géographes :

» Rédiger des Mémoires sur les Campagnes qui ont eu lieu sur l'Euphrate et contre les Parthes, à partir de celle de Crassus, jusqu'au huitième siècle, en y comprenant celles d'Antoine, de Trajan, de Julien, etc., tracer sur des cartes, d'une dimension convenable, le chemin qu'a suivi chaque armée, avec les noms anciens et nouveaux des pays et des principales villes, des observations géographiques du territoire, et des relations historiques de chaque expédition, en les tirant des auteurs originaux. »

Un mois environ après la réception de cette note, M. Barbier envoya en Espagne, au quartier-général, le catalogue que l'Empereur avait fait demander avant de quitter Bayonne, mais ce second projet, pas plus que le premier, ne fut mis à exécution, ajoute M. Louis Barbier en terminant cette curieuse communication. Les événements politiques et militaires allaient devenir trop pressants pour permettre à Napoléon de consacrer du temps à ses besoins intellectuels.

Bourrienne prétend avoir remarqué que les écrits de la main du premier Consul étaient remplis des plus inconcevables fautes d'orthographe. — « Cela vient-il de la faible instruction grammaticale qu'il avait reçue sous ce rapport à Brienne ? — Ne serait-ce que l'effet de sa prodigieuse rapidité à griffonner et de l'extrême avidité de ses idées ? Toujours est-il que je ne puis m'empêcher de faire observer comment connaissant si bien les auteurs qu'il demandait et les généraux dont il voulait avoir l'histoire, il a pu écrire *Duceeling*. — *Océan* ! »

« Certes, ajoute encore Bourrienne avec une satisfaction aigrie mal déguisée, pour deviner Ossian, il fallait bien connaître la passion favorite de Bonaparte pour ce barde calédonien ».

Nous n'avons pas besoin de défendre la mémoire de Napoléon à ce sujet. Il avait le respect de l'orthographe comme de toutes les règles, et il la mettait soigneusement dans la correspondance ; mais dans ses notes jetées comme point de repère, il écrivait pour ainsi dire en signes sténographiques. On a été plus loin, on a été même jusqu'à prétendre que Bonaparte ignorait sa langue et ne savait pas écrire. Le prince Napoléon a très bien répondu à M. Taine, l'auteur de ce reproche, en disant : « Si savoir écrire, c'est user des mots justes, précis, clairs, imagés, nerveux; si savoir écrire, c'est se faire toujours admirablement comprendre en instruisant et en entraînant le lecteur, l'auteur des proclamations à l'armée d'Italie, des Bulletins de la Grande Armée, des milliers de lettres consacrées à une multitude d'objets, marquées toutes au sceau du même style, l'auteur des dictées de Sainte-Hélène, de ces traités sur l'art militaire, chefs d'œuvre d'exactitude et de concision, de ces campagnes d'Italie et d'Egypte, modèles inimitables du récit historique, savait écrire et n'ignorait rien de la langne française. Nul écrivain n'a su, comme lui, faire vibrer les cœurs, nul ne les a plus profondément émus et captivés. »

On ne peut mieux étudier les procédés de style de Napoléon qu'en méditant ses proclamations. Prenons, par exemple, la harangue, adressée le 4 messidor an VI à l'armée d'Egypte et dictée d'un seul jet à Bourrienne. En la lisant, on reste frappé du puissant souffle qui l'anime; en examinant la phrase de près, il est impossible de ne pas reconnaître qu'elle est passée dans le moule des grands stylistes, et qu'il faut posséder le tempérament de l'écrivain de race pour manier avec cette ampleur et cette justesse, l'expression et le style. Comme Voltaire, Napoléon a la clarté du trait, comme Buffon, il a la pompe et l'éclat, comme Fontenelle, Diderot, D'Alembert il a la précision scientifique. Si c'est là ne pas posséder les dons principaux de l'écrivain consommé, nous ne nous y connaissons point. D'ailleurs, nous demandons au lecteur d'examiner et de méditer le célèbre morceau auquel nous avons fait allusion et que voici en entier :

Bonaparte, membre de l'Institut national, général en chef, au quartier-général, à bord de l'*Orient*, le 4 messidor an VI.

Soldats,

Vous allez entreprendre une conquête dont les effets sur la civilisation et le commerce du monde sont incalculables. Vous porterez à l'Angleterre le coup le plus sûr et le plus sensible, en attendant que vous puissiez lui donner le coup de mort.

Nous ferons quelques marches fatigantes; nous livrerons plusieurs combats ; nous réussirons dans toutes nos entreprises; les destins sont pour nous. Les beys-mamelucks qui favorisent exclusivement le commerce anglais, qui ont couvert d'avanies nos négociants, et qui tyrannisent les malheureux habitants du Nil, quelques jours après notre arrivée n'existeront plus.

Les peuples avec lesquels nous allons vivre sont mahométans; leur premier article de foi est celui-ci : « Il n'y a pas d'autre Dieu que Dieu et Mahomet est son prophète. » Ne les contredisez pas; agissez avec eux comme nous avons agi avec les Juifs, avec les Italiens; ayez des égards pour leurs muphtis et leurs imans, comme vous en avez eu pour les rabbins et les évêques; ayez pour les cérémonies que prescrit le Coran, pour les mosquées, la même tolérance que vous avez eue pour les couvents, pour les synagogues, pour la religion de Moïse et de Jésus-Christ.

Les légions romaines protégeaient toutes les religions. Vous trouverez ici des usages différents de ceux de l'Europe; il faut vous y accoutumer.

Les peuples chez lesquels nous allons entrer traitent les femmes différemment que nous; mais dans tous les pays celui qui viole est un monstre.

Le pillage n'enrichit qu'un petit nombre d'hommes, il nous déshonore, il détruit nos ressources, il nous rend ennemis des peuples qu'il est de notre intérêt d'avoir pour amis.

La première ville que nous allons rencontrer a été bâtie par Alexandre; nous trouverons à chaque pas de grands souvenirs dignes d'exciter l'émulation des Français.

« Le style de Napoléon, a écrit Sainte-Beuve, offre un digne pendant aux styles les plus parfaits de l'antiquité en ce genre, à Xénophon et à César. Mais, chez ces deux capitaines si polis, la ligne du récit est plus fine ou du moins plus légère, plus élégante. Napoléon est plus brusque, je dirais plus sec, si de temps en temps les grands traits de son imagination ne faisaient clarté. Il a reçu, on le sent, une éducation moins attique, et il sait plus d'algèbre que ces deux illustres anciens. Sa brièveté a un cachet de positif. En général, la volonté se masque dans son style. Pascal, dans les immortelles *Pensées* qu'on a trouvées chez lui à l'état de notes et qu'il écrivait sous cette forme pour lui seul, rappelle souvent, par la brusquerie même, par cet accent despotique que Voltaire lui a reproché, le caractère des dictées et des lettres de Napoléon. Il y avait de la géométrie chez l'un comme chez l'autre. Leur parole à tous deux se grave à la pointe du compas, et, certes l'imagination non plus n'y fait pas défaut. »

Ces réflexions du premier de nos critiques sont très justes et de plus elles confirment le procédé de style que Napoléon s'était fait en étudiant la façon de composer des plus grands écrivains. Dès 1792, à l'âge de vingt-trois ans, il écrivait à son frère Lucien Bonaparte : « J'ai lu ta proclamation ; elle ne vaut rien. Il y a trop de mots et pas assez d'idées. Tu cours après le pathos ; ce n'est pas ainsi qu'on parle aux peuples. Ils ont plus de tact et de sens que tu ne crois. Ta prose fera plus de mal que de bien. »

L'étude récente la plus remarquable qui a été faite sur Napoléon écrivain est celle de M. Tancrède Martel. On la trouvera en tête du premier volume des *Œuvres littéraires* de Napoléon, publiées par l'éditeur Albert Savine. Nous y renvoyons le lecteur, c'est un superbe morceau de critique, des plus justes, instructif et entraînant à lire.

« Sur le terrain d'écrire, Napoléon se comporta en maître, dit-il. Sa phrase sonore, ensoleillée, traînant d'invisibles panaches, possède la majestueuse simplicité du latin, l'étonnante concision des véritables maîtres, *imperatoria brevitas.* De ses proclamations, la plupart sont de réels chefs d'œuvre ; toutes sont remarquables par l'harmonieuse proportion de l'ensemble et de l'art avec lequel l'orateur a assemblé les parties. Il y règne une énergie lapidaire, un bonheur d'expressions, un choc de pensées tel qu'on ne peut s'empêcher de rapprocher ce nouveau genre littéraire des productions consacrées par les siècles. Napoléon est classique par ses proclamations. Ce genre lui appartient comme les pensées à Pascal, les oraisons funèbres à Bossuet, les fables à Lafontaine, les comédies à Molière. Il défie les copistes et les imitateurs. »

CHAPITRE TROISIÈME

NAPOLÉON A L'INSTITUT DE FRANCE.

En parlant de la nomination de Bonaparte à l'Institut national et de l'affectation, très justifiée selon nous et aussi honorable pour l'élu que pour l'électeur, avec laquelle il prit le titre de membre de ce corps savant, même avant celui du général en chef, en tête de ses proclamations, Bourrienne insinue que les titres académiques de Napoléon étaient bien fragiles. C'est absolument le contraire de la vérité. Nul ne fut aussi bien à sa place et ne la marqua avec autant d'éclat et de services. Bourrienne veut bien ajouter, que Napoléon savait un peu de mathématiques, beaucoup d'histoire, qu'il possédait un immense talent militaire et qu'il eût été capable de faire un excellent cours de stratégie ancienne et moderne. Napoléon a plus de valeur scientifique que veut bien lui en donner le Zoïle familier de sa vie. Sa présence à l'Institut était très légitime et son absence y eût été aussi reprochée que le sera toujours celle de Molière à l'Académie française. L'Institut national doit demeurer toujours comme la synthèse intellectuelle de la France ; il n'est bon pour personne d'en faire fi. Il constitue le parlement des inventeurs et des créateurs, comme l'a si bien dit M. Auguste Vacquerie ; il est le dialogue de l'art et de la science, du beau et du vrai, du statuaire et du chirurgien, de l'imagination et de l'érudition, de l'utopie et de l'histoire, de l'archet et du compas, de la plume, de la bêche et de la charrue. L'Institut doit avoir l'accueil très large. Pour faire partie d'une de ses classes, il n'est pas nécessaire d'avoir écrit des mémoires, des poèmes, des pièces de comédie, trouvé la solution d'un problème d'Euclide, découvert une planète. Les grands travaux de la guerre, de l'ingénieur, de l'architecte, du diplomate, sont des titres aussi valables. Et même, ajouterons-nous, l'esprit littéraire ou artistique d'un Mécène doit aussi y trouver une place. Quant à la coutume de Bonaparte d'inscrire en tête de ses proclamations : *le Membre de l'Institut, Général en chef*, elle a été continuée comme une tradition, et c'est sans étonnement que l'on a vu Paul Bert mettre en tête de ses circulaires : *Le Membre de l'Institut, Gouverneur général du Tonkin.*

I

ÉLECTION DU GÉNÉRAL BONAPARTE A L'INSTITUT.

Les décrets de proscription des 19 et 22 fructidor (5 et 8 septembre 1797) qui suivirent les événements du coup d'Etat de l'an v accompli par le Directoire frappèrent aussi l'Institut national dans cinq de ses membres : Barthélemy, Pastoret, Sicard, Fontanes, Carnot. Ce dernier avait été visé spécialement. Pendant plusieurs mois, il put échapper aux recherches dont il était l'objet, et il était encore sur le territoire français que l'Institut était mis en demeure de pourvoir au remplacement des cinq membres que ce coup d'Etat dépossédait avec la brutalité que les événements politiques mettent dans tout ce qu'ils atteignent.

La section des arts mécaniques de la première classe de l'Institut national alors divisé en trois classes (1° Sciences physiques et mathématiques; 2° sciences morales et politiques : 3° littérature et beaux-arts) dut pourvoir au remplacement de Carnot. Le 21 brumaire an VI, deux mois après les décrets de proscription, conformément aux dispositions de la loi du 15 germinal an IV (4 avril 1796), il fut procédé à un scrutin préparatoire où les candidats qui se présentèrent obtinrent le placement suivant :

Bonaparte. . . .	411	Callet.	265
Dillon.	371	Bréguet	206
Montalembert . .	367	Lenoir.	191
Lamblardy . . .	348	Janvier	157
Molard.	303	Grobert	124
Louis Berthoud. .	367	Servières. . . .	106

Sous le rapport de la section des arts mécaniques, la première classe proposa, à la suite de ce vote, dans la séance générale du 5 frimaire an VI (25 novembre 1797) une liste définitive formée des trois noms suivants : 1° Bonaparte ; 2° Dillon, capitaine dans le corps des ingénieurs hydrauliciens ; 3° le marquis Marc-René de Montalembert, ingénieur, ayant appartenu à l'ancienne Académie des sciences, dès l'année 1747, au titre d'associé libre.

Il fut procédé au scrutin dans la séance générale du 5 nivôse an VI (25 décembre 1797) par les trois classes composant l'Institut national et concourant ensemble à la nomination de chacune d'entre elles. Bonaparte réunit l'unanimité moins sept voix. Camus, président de l'Institut proclama immédiatement le *citoyen Bonaparte* l'un des membres de la Compagnie dans la section des arts mécaniques de la première classe.

Dès le lendemain de sa nomination, le 6 nivôse an VI, le nouvel élu prenait place au milieu de ses confrères et signait la feuille de présence, entre le chirurgien Pelletan et l'astronome Laplace.

Dans la séance du 11 nivôse suivant, Camus donna lecture de la lettre de remerciment suivante qui lui était adressée par Bonaparte :

Paris le 6 nivôse an VI
de la République Française Une et Indivisible.

Citoyen Président,

Le suffrage des hommes distingués qui composent l'Institut m'honore.

Je sens bien qu'avant d'être leur égal, je serai longtemps leur écolier.

S'il était une manière plus expressive de leur faire connaître l'estime que j'ai pour eux, je m'en servirais.

Les vraies conquêtes, les seules qui ne donnent aucun regret sont celles que l'on fait sur l'ignorance.

L'occupation la plus honorable comme la plus utile pour les nations, c'est de contribuer à l'extension des idées humaines.

La vraie puissance de la République française doit consister désormais à ne pas permettre qu'il existe une seule idée nouvelle qu'elle ne lui appartienne.

BONAPARTE.

L'original de cette lettre fait partie des archives de l'Institut. Elle est seulement signée de Bonaparte par lequel elle fut dictée à Bourrienne qui était déjà son secrétaire particulier.

Nous devons ici laver la mémoire de Napoléon d'une accusation qui a été portée contre lui, celle d'avoir profité à bon escient de l'expulsion et de la destitution de l'immortel *organisateur de la victoire*, pour hériter de sa place à l'Institut. François Arago n'a pas peu contribué à entretenir cette légende hostile, en écrivant dans son Eloge historique de Carnot les lignes suivantes :

« Est-il aucune considération au monde qui doive faire accepter la dépouille académique d'un savant victime de la rage des partis, et cela surtout lorsqu'on se nomme le général Bonaparte ? Je me suis souvent abandonné à un juste sentiment d'orgueil en voyant les admirables proclamations de l'armée d'Orient signées : *Le Membre de l'Institut, Général en chef* ; mais un serrement de cœur suivait ce premier mouvement lorsqu'il me revenait à la pensée que ce membre de l'Institut se parait d'un titre qui avait été enlevé à son premier protecteur et à son ami. »

Le général Bonaparte ne fut pour rien dans le coup d'Etat de fructidor. L'histoire l'enseigne et tout le monde le sait. D'ailleurs comme chef d'armée, chef d'Etat, empereur tout puissant, il conserva toujours pour Carnot une grande amitié. Il le fit comte de l'Empire et ministre et jamais ce dernier ne porta contre Napoléon le moindre reproche d'injustice ou d'ingratitude et ne se plaignit d'avoir été dépouillé du fait de Bonaparte. François Arago, au reste, avait laissé sentir à mon père qui a publié ses œuvres complètes en 16 volumes, qu'il avait été trop loin, et qu'il s'était laissé emporter par un sentiment exagéré. S'il eût vécu encore, il eût sans aucun doute modifié ce passage de la vie de Carnot réimprimée dans le volume de ses Eloges académiques. Arago étant mort avant la révision et la publication de cette partie de ses œuvres. J. A. Barral, son exécuteur testamentaire scientifique, n'a pas cru devoir atténuer ou retrancher cette accusation ; mais il nous a confié à ce sujet le sentiment d'Arago. C'est notre devoir de le reproduire ici et de rendre hommage à la vérité en déchargeant la mémoire de Napoléon d'un acte répréhensible qu'il n'a pas commis.

II

RÔLE DU GÉNÉRAL BONAPARTE A L'INSTITUT.

Bonaparte avait une activité dévorante et partout où il passait il voulait laisser trace de son action. C'est ainsi qu'on le voit dès le lendemain même de sa nomination, avant même d'avoir envoyé sa lettre de remercîment, prendre place au milieu de ses confrères, et se faire charger conjointement avec Monge et Prony de l'examen d'un cachet typographique inventé par un nommé Hanin, et à l'aide duquel, plus tard, s'imprimèrent les *Bulletins de la Grande Armée*.

Le 11 nivôse suivant, la classe ayant reçu un mémoire et un instrument relatifs à la tactique militaire, Borda, Coulomb, Laplace et Bonaparte furent chargés d'en rendre compte.

Deux mois après environ, le 11 pluviôse an VI (30 janvier 1798), la première classe de l'Institut reçut un mémoire important et qu'on trouve consigné au procès-verbal, comme il suit :

« Le secrétaire lit une note remise par le citoyen Bonaparte qui la tient du citoyen Rolland, relative à une voiture mue par la vapeur. Les citoyens Coulomb, Perrier, Bonaparte et Prony, sont chargés de faire un Rapport sur cette machine et d'engager le citoyen Cugnot, qui en est l'auteur à assister à l'expérience qu'on en fera et de présenter en même temps des vues sur la meilleure manière d'appliquer l'action de la vapeur au transport des fardeaux. »

Les archives ne possèdent pas l'original de cette note. D'ailleurs, elle ne fut suivie d'aucun rapport. Ce n'est que deux années plus tard que le nom de Cugnot, le créateur de la première voiture à vapeur, appela de nouveau l'attention de l'Institut. Ce fut encore Bonaparte qui fut l'instigateur de ce mouvement en faveur du pauvre inventeur, alors ignoré et aujourd'hui célèbre. Le 13 thermidor an VIII (1er août 1800), Lucien Bonaparte, alors ministre de l'intérieur, adressa au Président de l'Institut National la lettre qui suit et qui fut certainement inspirée, peut-être même dictée par le premier consul.

Il vient, citoyen, de m'être adressé, par le liquidateur général de la dette publique, une lettre dans laquelle il m'informe que le citoyen Nicolas-Joseph Cugnot demande le rétablissement d'une pension de 600 fr. qu'il avait obtenue en considération des inventions utiles qu'il a faites pour le service de l'artillerie. Il ajoute que cet artiste paraît avoir fait plusieurs découvertes en mécanique et composé des ouvrages dont l'art militaire doit avoir recueilli les plus grands avantages; qu'il a imaginé des fusils que le maréchal de Saxe s'empressa d'adopter pour ses houlans; une planchette et une alidade que tous les ingénieurs ont admises; enfin qu'il est l'auteur des éléments d'artillerie ancienne et moderne et d'un Traité sur les fortifications.

Le liquidateur général avant de faire statuer sur la demande du citoyen Cugnot, désire connaître l'avis de l'Institut national sous le mérite des ouvrages de cet artiste.

Je vous invite, citoyen, à soumettre ces ouvrages à l'examen et à me faire passer les rapports qui auront été approuvés.

Je vous salue.

LUCIEN BONAPARTE.

Pendant un certain temps, Bonaparte ne cessa de faire sentir son intervention plus ou moins directe dans les travaux de l'Institut de France. Dans les années qui suivirent son élection, il fut chargé conjointement avec quelques-uns de ses confrères de l'examen de diverses questions et de différents mémoires. M. Ernest Maindron dans son excellente *Histoire de l'Académie des sciences* publiée par l'éditeur Félix Alcan a consacré toute une partie de son livre à Bonaparte, membre de l'Institut, et il a résumé le tableau de ses relations scientifiques avec ce grand corps savant. On trouvera dans cet excellent ouvrage la plupart de tous ces précieux renseignements avec tous leurs détails.

Le 1er germinal an VI (21 mars 1798), Bonaparte présenta une carte géographique publiée par Guillaume Hans, de Bâle.

Le 16 pluviôse an VII (4 février 1799), le ministre

de la marine ayant transmis un échantillon de papier paraissant propre à faire des gargousses, la classe nomma Desmaretz, Deyeux, Darcet et Labergerie, qui donnèrent un premier rapport, le 21 germinal (10 avril). La question ayant paru mériter un examen plus approfondi, le 11 brumaire an VIII (2 novembre 1799), Bonaparte de retour de sa campagne d'Egypte, fut adjoint à la première commission, qui après avoir procédé à de nouvelles expériences, fit un second rapport le 6 frimaire (27 novembre).

Quelques jours auparavant, le 1er brumaire (23 octobre), Biot ayant présenté un mémoire portant pour titre : *Considérations sur les équations aux différences mêlées*, Laplace, Bonaparte et Lacroix furent chargés de l'examiner.

Dans la plupart de ces cas, Bonaparte ne fut pas l'auteur des rapports auxquels tous ces mémoires donnèrent lieu. La vie du général Bonaparte était beaucoup trop absorbée pour qu'il pût prendre le temps de les rédiger ou même de les dicter. Il bornait son action à la discussion dans les séances et les comités où il se rendait fréquemment, lorsqu'il se trouvait à Paris, même pendant quelques instants. Comme l'a écrit avec un grand sens M. Ernest Maindron, il n'était pas indispensable d'ailleurs que Bonaparte fît œuvre d'académicien; l'influence considérable qu'il exerçait autour de lui par des succès admirables et ininterrompus, les sentiments de déférence qu'il manifestait en toute occasion à l'égard de la classe lui avaient assuré de la part de l'Institut tout entier un attachement vif et sincère.

Au loin, comme à Paris, il songeait constamment à l'Institut. Quand il revint d'Egypte dans la capitale, le 24 vendémiaire an VIII (16 octobre 1799), rappelé inopinément en France par les événements d'Europe, son premier soin quelques jours après, fut de se rendre au sein de la première classe. En effet le 1er brumaire an VIII (23 octobre 1799), nous voyons le vainqueur des Pyramides, prendre place à l'Institut, au milieu de ses confrères, fiers et empressés. Le procès-verbal de cette séance constate le fait de la façon suivante : « La classe arrête qu'il sera fait mention de la satisfaction qu'elle éprouve de voir notre confrère Bonaparte dans son sein. »

Quatre jours après, le 5 brumaire (27 octobre), l'Institut tenait une séance générale. Bonaparte y prit la parole et raconta en traits concis l'expédition qu'il venait d'accomplir. Le procès-verbal s'exprime ainsi à ce sujet :

Le citoyen Bonaparte annonce qu'il a donné les ordres nécessaires pour le transport en France d'une table en pierre trouvée dans les fondations du château de Rosette, sur laquelle se trouve une inscription en langue grecque, copte et en hiéroglyphe. Cette inscription porte que sous tel règne d'un Ptolémée, tous les canaux d'Egypte ont été curés et la somme que ce travail a coûtée. Il ajoute que dans la fouille des fossés d'Alexandrie, on a trouvé dans une des tombes qui sont là fort nombreuses, une petite statue de femme dont la coiffure est presque la même que celles que nous voyons aujourd'hui. Cette statue nous vient. Il rend compte ensuite du voyage entrepris pour découvrir le canal de Suez. Il entre dans des détails assez étendus sur l'état actuel du Canal, sur la différence des niveaux entre les deux mers, entre la Mer Rouge et l'Egypte. Des ingénieurs sont présentement occupés à lever le plan de ce Canal si important au commerce de l'Europe.

Le même jour, l'Institut adressait à Bonaparte une

médaille frappée à son effigie avec la lettre qu'on va lire :

Au citoyen Bonaparte.

La médaille, citoyen confrère, que l'Institut national nous charge de vous faire passer, doit, par la nature du métal dont elle est formée durer presque autant que votre gloire.

Elle transmettra vos traits à la postérité la plus reculée et vous rendra pour ainsi dire présent à toutes les générations dont vos victoires auront fixé le bonheur.

Nous sommes très heureux de nous trouver aujourd'hui les organes de l'Institut national et d'avoir cette occasion de vous témoigner tout notre dévouement.

SABATIER, LEFEBVRE-GINEAU,
CUVIER, secrétaire.

Les recherches de M. Ernest Maindron nous apprennent que cette médaille, gravée par Benjamin Duvivier à l'occasion de la signature du traité de Campo-Formio et frappée en platine ne fut reproduite qu'à quatre exemplaires. L'un fut remis à Bonaparte ; un autre fut livré aux archives de la République, le troisième fut donné au Cabinet des estampes ; le dernier appartient aux collections de l'Institut.

Cette médaille est fort belle. Elle représente sur son avers le buste de Bonaparte en costume de général en chef. Elle porte pour légende : *Bonaparte général en chef de l'armée française en Italie*. En exergue, on lit : *Offert à l'Institut national par B. Duvivier à Paris*.

Le revers est occupé par un sujet allégorique représentant Bonaparte à cheval, une branche d'olivier à la main, précédé de Bellone qui tient les rênes du cheval et de la Prudence qui porte un miroir dans lequel se regarde un serpent. La Victoire plane derrière : elle place de la main droite une couronne sur la tête du général et tient de la main gauche l'Apollon du Belvédère et un rouleau de papier.

Ce revers porte pour légende : *Les sciences et les arts reconnaissants*. En exergue, on lit : *Paix signée l'an* VI. *République française*. On en trouvera la reproduction dans le bel ouvrage de M. Ernest Maindron sur l'Académie des sciences.

Cette manifestation solennelle de l'Institut montrait le profond attachement des savants pour le général Bonaparte.

III

RÔLE DU PREMIER CONSUL A L'INSTITUT.

Après le coup d'Etat du 18 brumaire an VIII (9 novembre 1799), Bonaparte qui s'était fait proclamer consul pour dix années, n'oublia pas l'Institut. Son premier soin fut de faire activer l'impression des *Mémoires sur l'Egypte* et d'en faire adresser un exemplaire à la première classe, le 6 ventôse an VIII (25 février 1800). Cuvier remercia Bonaparte en lui écrivant qu'il savait *que l'amour des sciences et le soin de les propager l'avait toujours occupé même au sein des plus brillantes victoires*.

Le 1er germinal an VIII (22 mars 1800), la classe des sciences physiques et mathématiques réorganisa son bureau, et élut président Bonaparte. Le premier consul accusa réception avec remerciements, du procès verbal lui notifiant sa nomination et prit place au fauteuil le 6 germinal suivant (27 mars).

Il critiqua ce jour-là le mode d'élection en usage et rejeta la question de savoir s'il ne faudrait pas réorganiser la division de l'Institut. La première classe discuta cette proposition, se rallia à l'opinion de son président et arrêta qu'elle communiquerait aux deux autres classes les idées du premier consul. Monge, Laplace et Delambre furent choisis pour se concerter avec elles. Celles-ci nommèrent Legrand, Dacier et Buache (2e classe). Camus, Leblond et Vincent (3e classe) pour former une commission générale. Le rapporteur fut Delambre qui formula des conclusions conformes aux vues de Bonaparte et qui furent lues dans la séance du 5 floréal an VIII (25 avril 1800). Mais cette proposition dormit pendant quelque temps dans les cartons. Elle ne fut mise à exécution que par le décret du 3 pluviôse an XI (23 janvier 1803) qui réorganisa l'Institut en quatre classes, comme suit :

Première classe. — Sciences physiques et mathématiques.

Deuxième classe. — Langue et littérature françaises.

Troisième classe. — Histoire et littérature anciennes.

Quatrième classe. — Beaux-arts.

Chacune de ces classes était subdivisée en sections avec des membres titulaires et des correspondants nationaux et étrangers. Ce décret qui réglementait les assemblées générales, — les présidences, la bibliothèque, le budget, les comptes de dépenses, les devoirs à rendre aux membres de l'Institut après leur décès, qui créait les secrétaires perpétuels, fixait encore l'indemnité annuelle de chacun d'eux à 1500 fr. Cette dernière n'a jamais été augmentée. Ces règlements ont subsisté jusqu'au moment où Louis XVIII en 1816 a rétabli les Académies.

Dans l'intervalle, pendant l'an VIII, Bonaparte avait assisté aux séances des 11 et 15 germinal, 16 messidor et 11 thermidor. Quand il venait à l'Institut, c'était toujours fête et il savait suivre et diriger la discussion des questions scientifiques auxquelles même il s'attendait le moins et n'était pas préparé.

Le 15 germinal an VIII, il prit part avec Cuvier et Delambre à la rédaction d'une circulaire dont il fit voter l'envoi à toutes les Sociétés savantes avec lesquelles il pensait que l'Institut devait se trouver en relations permanentes, et pour lui donner plus de poids il la signait comme président. En voici la teneur :

Nous vous adressons le programme des questions de physique que l'Institut national propose aux savants de toutes les nations ; les prix qu'il doit décerner aux solutions qu'il jugera les meilleures seront sans doute, pour les personnes capables de travailler sur ces sujets, des motifs beaucoup moins puissants que l'honneur d'avoir contribué aux progrès des connaissances humaines. Persuadé que tout ce qui peut hâter ces progrès est regardé par les hommes de tous les pays comme un devoir sacré, l'Institut national espère que vous voudrez bien donner à ce programme toute la publicité possible, soit en le faisant insérer dans les journaux qui paraissent dans votre pays, soit de toute autre manière.

Fait au Palais national des sciences et des arts, à Paris, le 15 germinal de l'an VIII.

Bonaparte, président,
Delambre et Cuvier, secrétaires.

L'influence du premier consul ne fut pas non plus sans se faire sentir sur une décision nouvelle prise par l'Institut au sujet de l'organisation de voyages scientifiques exécutés au loin dans l'intérêt du progrès des connaissances humaines. La première expédition scientifique préparée par l'Institut de France fut celle du capitaine Nicolas Baudin qui reçut le commandement des corvettes *le Géographe* et *le Naturaliste*, et se rendit sur les côtes de la Nouvelle-Hollande.

Il est curieux de noter ici un fait qui arrive à sa place chronologique et qui prouve que Bonaparte, qui devait être plus oppressif sous sa transfiguration de Napoléon empereur, fut pour un instant, au moins, le partisan de la liberté absolue d'écrire et de penser.

Un journal célèbre alors, *L'Ami des Lois*, dans son numéro du 7 prairial an VIII avait rendu compte, en la critiquant fortement, d'une séance tenue par l'Institut le 5 du même mois. On y avait agité la réintégration de Barthélemy, Pastoret, Fontanes, Carnot et Sicard, les membres fructidorisés, et après une discussion violente l'Institut avait répondu à la demande des réclamants par la question préalable. Cette décision avait été jugée avec sévérité par l'*Ami des Lois* qui fut supprimé à la suite de la publication de son article. Bonaparte était alors en Italie, à la veille de la bataille de Marengo. Toujours tenu au courant de ce qui se passait à Paris, comme en France et dans l'Europe, il écrit aux consuls son sentiment à ce sujet et dans le tome VI, page 431, de la correspondance de Napoléon on peut consulter en entier ce document dont voici le passage qui nous intéresse plus spécialement :

Milan, 18 prairial an VIII.

Le rapport du Ministre pour la suppression de l'*Ami des Lois* ne me paraît pas du tout fondé en raison. Il me semble que c'est rendre *l'Institut odieux* que de supprimer un journal parce qu'il a lâché quelques quolibets sur cette Société, qui est tellement respectée en Europe qu'elle est audessus de pareilles misères. Je vous assure que, comme Président de l'Institut, il s'en faut peu que je ne proteste. Que l'on dise si l'on veut que le soleil tourne, que c'est la fonte des glaces qui produit le flux et le reflux, et que nous sommes des charlatans; *il doit régner la plus grande liberté...*

BONAPARTE.

Le 1er nivôse an IX, Bonaparte présidait à une séance de la première classe et il y annonçait que le gouvernement avait reçu des nouvelles d'Egypte très satisfaisantes. L'Institut du Caire avait nommé deux commissions dont l'une s'était rendue jusqu'au mont Sinaï et même au delà, et dont l'autre avait remonté le Nil jusqu'aux cataractes. Le navire *l'Héliopolis* porteur de ces heureuses nouvelles était arrivé avec un chargement sucrier, ce qui transporta de joie le premier consul qui méditait déjà les encouragements qu'il voulait donner à la création de fabriques de sucre indigène extrait de la betterave. Mais en cas de conflit probable avec l'Angleterre et de guerre européenne, il voulait que l'Egypte produisît assez de sucre de canne, pour n'avoir pas à en attendre des colonies anglaises.

N'oublions pas de noter que trois jours après cette séance mémorable, le 3 nivôse an IX (24 décembre 1800), Bonaparte échappait comme par miracle, à l'explosion de la machine infernale. Le surlendemain, l'Institut se réunissait instantanément en séance générale et décidait de se transporter en corps à la résidence du premier consul, afin de lui marquer une fois de plus un attachement aussi profond que continu. Une fois l'Institut national introduit auprès de Bonaparte, le président lui exprima les sentiments dont tous les membres étaient pénétrés : « Citoyen Consul, lui dit-il, collègue infiniment cher à tous les membres de l'Institut national, il nous est difficile d'exprimer les sentiments divers, joie, indignation, intérêt, inquiétude, dont nous sommes agités, lorsque nous venons vous féliciter de n'avoir pas été la victime d'un horrible attentat. » Bonaparte répondit en donnant à ses confrères toutes les marques possibles de sensibilité et d'amitié.

Trois mois après, c'est-à-dire le 26 pluviôse an IX, (15 février 1801), Bonaparte présentait à la classe deux manuscrits sur papyrus trouvés dans les caveaux de Thèbes. Ces documents précieux furent envoyés à la troisième classe de littérature et de beaux arts.

L'année suivante après le traité de Lunéville qui couronnait les grands succès de la campagne d'Italie de l'année précédente, l'Institut se rendit encore auprès du premier consul pour le féliciter. Bonaparte répondit à cette nouvelle marque de continue affection, trois mois plus tard le 23 floréal an IX (13 mai 1801) en décidant que les membres de l'Institut ayant place dans les grands corps de l'Etat, recevraient un costume particulier pour les désigner à la vue de tous. L'arrêté consulaire qu'il prit à cet égard est curieux comme document historique et comme preuve de l'esprit de détail de Bonaparte. En voici la teneur :

Les Consuls de la République, sur le rapport du ministre de l'intérieur et sur la proposition de l'Institut national,

Le Conseil d'Etat entendu, arrêtent :

I. — Il y aura pour les membres de l'Institut national un grand et un petit costume.

II. — Les costumes seront réglés ainsi qu'il suit :

Grand costume. — Habit, gilet ou veste, culotte ou pantalon noirs, brodés en plein d'une branche d'olivier, en soie, vert foncé : chapeau à la française.

Petit costume. — Mêmes forme et couleur, mais n'ayant de broderie qu'au collet et aux parements de la manche, avec une baguette sur le bord de l'habit.

Le ministre de l'intérieur est chargé de l'exécution du présent arrêté, qui sera inséré au *Bulletin des lois*.

Le premier Consul, BONAPARTE

Par le premier Consul, H. B. MARET.

Contresigné par le ministre de l'Intérieur, CHAPTAL

Le petit costume n'existe plus actuellement ; il fut à peine mis en usage. On rapporte que le premier consul avait été sur le point de présider l'Institut en costume à palmes vertes avec les insignes de premier consul. Mais les événements allaient se précipiter. Comme l'a chanté Hugo :

> Ce siècle avait deux ans. Rome remplaçait Sparte :
> Déjà Napoléon perçait sous Bonaparte

et une fois consul à vie, puis Empereur l'Institut allait être un peu négligé sans être cependant délaissé complètement.

Le 13 vendémiaire an x (5 octobre 1801), l'Institut fut reçu encore une fois par le premier consul à propos de la signature des préliminaires de la paix avec la Grande-Bretagne. Peu de temps après, Bonaparte allait donner une preuve remarquable de son intuition de l'avenir scientifique et de la puissance future de l'électricité, en appelant Volta à Paris et en instituant un prix d'encouragement qui est demeuré le plus beau que l'Académie des sciences ait à décerner au nom de l'Institut tout entier.

M. Ernest Maindron raconte dans son livre si précieux en documents sur *l'Histoire de l'Académie des sciences*, que le 16 brumaire an x (7 novembre 1801), la première classe venait d'entendre la lecture, faite par Volta lui-même d'un mémoire sur la théorie du galvanisme et particulièrement sur la nature du fluide galvanique. Bonaparte assistait à la séance. Il proposa immédiatement une récompense pour l'illustre savant milanais dans les termes suivants :

« L'Institut national de France manifestant, dès les premiers moments de la paix générale, le désir de recueillir les lumières de tous ceux qui cultivent les sciences, donne une médaille d'or au citoyen Volta, le premier savant étranger qui ait lu un mémoire dans le sein de la première classe, comme une marque de son estime particulière pour ce professeur et de son empressement à accueillir les travaux de tous les savants étrangers. »

Cette motion fut couverte d'applaudissements. Biot fut chargé d'un rapport motivé qui fut lu dans la séance du 11 frimaire an x (2 décembre 1801). Le 21 frimaire, Volta ayant quitté Paris à l'improviste, l'Institut lui envoyait en Italie la médaille qui lui était destinée avec une adresse des plus élogieuses signée par Haüy, Delambre et Lacépède. Bonaparte ne se contenta pas de cette démonstration unique. La signature d'une paix qui semblait définitive avait eu lieu à Amiens le 4 germinal an x (25 mars 1802).

L'Institut s'était transporté une fois de plus le 5 germinal chez le premier consul pour le féliciter de sa gloire nouvelle. Bonaparte préoccupé de plus en plus de l'importance des recherches relatives à l'électricité et à ses applications, répondit à cette nouvelle manifestation de l'Institut, par la lettre suivante qu'il écrivit à Champagny le 26 prairial an x (15 juin 1802) :

J'ai l'intention, citoyen ministre, de fonder un prix consistant en une médaille de *trois mille francs* pour la meilleure expérience qui sera faite dans le cours de chaque année sur le fluide galvanique. A cet effet les mémoires qui détailleront lesdites expériences seront envoyés, avant le 1er fructidor, à la première classe de l'Institut national, qui devra, dans les jours complémentaires, adjuger le prix à l'auteur de l'expérience qui aura été la plus utile à la marche de la science.

Je désire donner en encouragement une somme de soixante mille francs à celui qui, par ses expériences et ses découvertes, fera faire à l'électricité et au galvanisme un pas comparable à celui qu'ont fait faire à ces sciences Franklin et Volta, et ce, au jugement de la classe.

Les étrangers de toutes les nations seront également admis au concours.

Faites, je vous prie, connaître ces dispositions au président de la première classe de l'Institut national, pour qu'elle donne à ces idées les développements qui lui paraîtront convenables, mon but spécial étant d'encourager et de fixer l'attention des physiciens sur cette partie de la physique qui est, à mon sens, le chemin des grandes découvertes.

Bonaparte.

C'est une véritable vision d'un génie vraiment scientifique d'annoncer dès **1802**, que l'électricité était la partie de la physique qui deviendrait le chemin des grandes découvertes.

Le 12 messidor an x (1er juillet 1802), un important rapport fut remis au premier consul au nom de la première classe de l'Institut qui avait chargé Laplace, Biot, Hallé, Coulomb et Haüy, d'examiner les moyens de donner toute l'ampleur voulue à cette grande pensée. C'est Biot qui rédigea le rapport qui est resté un modèle du genre, concluant ainsi : « Le grand prix sera accordé à celui dont les découvertes formeront dans l'histoire de l'électricité et du galvanisme une époque mémorable. Tous les savants de l'Europe, les membres même et les associés de l'Institut sont admis à concourir. La classe n'exige pas que les mémoires lui soient directement adressés. Elle couronnera, chaque année, l'auteur des meilleures expériences qui seront venues à sa connaissance et qui auront avancé la marche de la science. »

On ne pouvait établir un règlement plus libéral. Les espérances de Bonaparte ne devaient pas tarder à se réaliser. Les découvertes se firent coup sur coup et la première classe de l'Institut eut à couronner successivement les travaux d'Erman, de Berlin ; de Humphy Davy, de Londres ; de Gay-Lussac et de Thénard, de Paris.

Pour montrer le caractère tout à fait supérieur que devait avoir l'Institut, Bonaparte avait voulu qu'il fût sans égal non seulement par l'éclat et l'autorité, mais aussi qu'il fût seul par l'appellation et qu'il ne pût être confondu avec aucune des sociétés savantes qui prenaient naissance de divers côtés. Afin d'assurer cette volonté, il avait fait introduire dans la loi sur l'instruction publique du 11 floréal an x (1er mai 1802) au titre IX, l'article XLI qui était ainsi conçu :

Aucun établissement ne pourra prendre désormais les noms de *Lycée* et d'*Institut.*

L'Institut national des sciences et des arts sera le seul Etablissement public qui portera ce dernier nom.

BONAPARTE.

La loi du 11 floréal an x existe toujours; mais elle est bien tombée en désuétude, puisque de nos jours nous voyons partout s'élever des Instituts de toutes les sortes. Mais, aucun de ceux qui ont pris ce titre, n'a obscurci l'éclat de l'Institut de France, comme le fait remarquer si judicieusement M. Ernest Maindron, son historien, et il suffit de pouvoir mettre sous son nom : *Membre de l'Institut*, pour être salué et honoré par le monde entier.

IV

RÔLE DE L'EMPEREUR NAPOLÉON A L'INSTITUT.

Dès que Napoléon fut proclamé Empereur, il déclara qu'il tenait à ce que son nom fût maintenu sur la liste des membres de l'Institut. Une députation composée des bureaux réunis des quatre classes vint le féliciter au Palais de Saint-Cloud le 29 floréal an XII (29 mai 1804) de son élévation au trône. Il y répondit par les paroles suivantes :

J'agrée les sentiments que le Président de l'Institut national me témoigne. Je me fais gloire d'être membre de ce corps célèbre. Toutes les fois que j'ai assisté à ses séances, j'ai eu occasion de me convaincre des talents et du bon esprit de ceux qui le composent. Je vous accorderai toujours la protection qui vous sera nécessaire pour maintenir la nation française dans l'état d'élévation où elle est parvenue sous le rapport des sciences, des lettres et des arts.

Napoléon voulut faire plus encore et laisser une marque durable de sa protection. Il donna à l'Institut national par décret du 29 ventôse an XIII (20 mars 1805) le *palais des quatre Nations* pour lieu de son installation définitive en place des locaux du Louvre.

Plein de reconnaissance, l'Institut tout entier dans la séance générale du 7 brumaire an XIV (29 octobre 1805), réclama la nomination d'une commission qui serait chargée de rédiger une adresse à S. M. l'Empereur et Roi pour le « féliciter sur la continuité de ses victoires et les merveilles opérées en quelques instants. » Un membre proposa ensuite un moyen plus durable d'affirmer la gratitude de l'Institut et demanda d'élever la statue de l'Empereur dans le nouveau local que disposait déjà l'architecte Vaudoyer. Cette motion fut adoptée par acclamation et une adresse fut rédigée dans ce sens, séance tenante.

On lit le passage suivant :

Comme citoyens, comme Français, nous célébrons avec tous nos compatriotes, le restaurateur, le législateur, le défenseur de l'Empire, mais les membres de l'Institut doivent un hommage particulier au prince qui encourage les sciences par son exemple, les lettres par ses conseils, les arts par ses bienfaits; au général qui, au milieu du tumulte des armes, maintient le repos dans les asiles consacrés à l'étude; au guerrier dont le bras puissant préserve les nations civilisées d'une nouvelle irruption de l'ignorance et de la barbarie.

Cette adresse fut portée à Joseph Bonaparte pour être transmise sans délai à Napoléon. Le 10 nivôse an XIV (31 décembre 1805), l'Institut se réunit extraordinairement pour déclarer que contrairement aux termes de ses règlements les frais de la statue de l'Empereur seraient acquittés par une retenue faite sur le traitement de chacun de ses membres. Philippe-Laurent Roland, de la classe des Beaux-Arts, fut chargé de son exécution. Il se mit immédiatement à l'œuvre et termina sa statue au mois de novembre 1807. L'inauguration en eut lieu le 3 octobre suivant dans la séance tenue par la classe des Beaux-Arts pour la distribution des grands prix de peinture et de sculpture. Les Elèves du Conservatoire de musique furent convoqués pour y exécuter un chant lyrique composé par Arnault pour les paroles et par Méhul pour l'accompagnement musical. La statue très belle fut d'abord érigée dans la salle des séances, sous le dôme du palais, à l'endroit précis où se trouve actuellement le bureau des Académies, les jours de séance publique. Précédemment, cette salle était une chapelle.

Au retour des Bourbons, cette statue a été mise au fond du vestibule d'entrée au lieu même qu'occupait le tombeau de Mazarin aujourd'hui au Louvre.

En 1807, nous voyons Napoléon intervenir pour faire placer d'accord avec l'Institut la statue de d'Alembert dans la galerie de la salle des séances. Par l'intermédiaire de Champagny, il fait écrire le 2 avril 1807; *que d'Alembert est celui des mathématiciens fran-*

çais qui dans le siècle dernier, a le plus contribué à l'avancement de cette première des sciences.

Il fait ajouter : *qu'il désire donner par cette détermination une preuve nouvelle de son estime pour l'Institut et de sa volonté constante d'accorder des récompenses et de l'encouragement aux travaux de cette Compagnie qui importent tant à la prospérité et au bien de ses peuples.*

A cette époque, Napoléon intervint directement dans deux créations vraiment importantes : *les Prix décennaux* et le *Concours sur le croup.*

La première de ces créations fut instituée par un décret daté d'Aix-la-Chapelle le 24 fractidor an XII, et qui fondait de grands prix à décerner de dix en dix ans, le jour anniversaire du 18 brumaire. Tous les ouvrages de sciences, de littérature et d'arts, toutes les inventions utiles, tous les établissements consacrés aux progrès de l'agriculture et de l'industrie nationales, publiés, connus ou formés dans une période décennale dont le terme précéderait d'un an l'époque de la distribution, pouvaient concourir pour ces grands prix. Il y avait neuf grands prix de la valeur de dix mille francs chacun et treize de la valeur de cinq mille francs.

Par un second décret daté du Palais des Tuileries le 28 novembre 1807, Napoléon élargissait la fondation des grands prix, en portant leur nombre à 35 pour ceux de dix mille francs et à 16 ceux de cinq mille francs. Il étendait leur application aux inventeurs des machines les plus importantes pour les arts et manufactures, aux fondateurs des établissements les plus avantageux à l'agriculture, les plus utiles à l'industrie. Comme on le voit, le champ était vaste. Outre le prix, chaque auteur devait recevoir une médaille frappée à son nom.

Le premier concours eut lieu en octobre 1810. Il est curieux de connaître les lauréats des grands prix proposés par la première classe de l'Institut, les seuls qui furent distribués. Les trois autres classes avaient terminé leurs rapports peu après sur les prix décennaux, mais les événements ne permirent pas de les décerner. Voici cette liste instructive.

1° Au meilleur ouvrage de géométrie et d'analyse pure. — Lauréat : Lagrange.

2° Au meilleur ouvrage dans les sciences soumises aux calculs rigoureux. — Lauréat : Laplace.

3° Au meilleur ouvrage de chimie. — Lauréat : Berthollet.

4° Au meilleur ouvrage sur l'histoire naturelle. — Lauréat : Cuvier.

5° A l'inventeur de la machine la plus importante. — Lauréat : Montgolfier.

6° A l'établissement le plus avantageux à l'agriculture. — Lauréat : Etablissement de la Mandria, de Chivas, département de la Loire.

7° Au fondateur de l'établissement le plus utile à l'industrie. — Lauréat : Oberkampf.

8° A l'ouvrage qui est l'application la plus heureuse des principes des sciences mathématiques ou physiques à la pratique. — Lauréat : La base du système métrique décimal.

9° A l'ouvrage topographique le plus exact et le mieux exécuté. — Lauréat : Carte topographique de la Guyenne par Belleyme.

Il est piquant de noter que parmi les commissaires choisis pour l'étude des ouvrages proposés, on trouve le nom d'Arago qui avait alors vingt-quatre ans à peine et qui venait d'être élu membre de l'Institut à l'âge où les hommes commencent seulement leurs études sérieuses. J.-A. Barral qui fut le confident intime de ce grand homme a reçu de lui l'impression de trouble et d'orgueil, lorsqu'il se sentit, non pas encore par la science, mais par le rang, l'égal des Monge, Delambre, Prony, Malus, Vauquelin, Haüy, Hallé, etc. Bien souvent l'illustre astronome a raconté à notre père son émotion et sa joie à cette époque solennelle de sa vie.

L'histoire du concours sur le croup est touchante. Le 5 mars 1807, le fils aîné de Louis Bonaparte et de Hortense de Beauharnais, frère de Napoléon III, mourait enlevé subitement par une atteinte de ce terrible mal. L'Empereur fut profondément affligé de cet événement. Bien qu'il fût à l'avant-veille d'une grande bataille, de celle qui devait être la victoire de Friedland, il prit le temps d'adresser à Champagny, ministre de l'intérieur, les prescriptions nécessaires pour qu'un concours fût établi en vue de rechercher les moyens d'arrêter les progrès du croup et d'en prévenir l'invasion. Conformément à ces ordres le 21 juillet 1807 un arrêté ministériel était adressé à l'Institut, fondant un prix de douze mille francs pour le meilleur ouvrage sur le traitement du croup, les caractères de cette maladie, les altérations qui la constituent ; les circonstances extérieures et intérieures qui en déterminent le développement ; ses affinités avec d'autres affections, etc. Il fallait encore établir, d'après une expérience constante et comparée, le traitement le plus efficace et indiquer les moyens d'en arrêter les progrès et d'en prévenir l'invasion.

Tous les médecins nationaux et étrangers étaient appelés au concours proposé pour le traitement curatif et préservatif du croup. Du 25 juillet 1809, le concours fut prorogé au 31 du même mois. Le prix ne fut décerné que le 15 mai 1811. Il fut partagé entre Jurine, de Genève, Jean-Abraham Albert, de Brême; Vieusseux, de Genève ; Caillau, médecin à Bordeaux ; Double, médecin à Bordeaux.

Les événements se précipitaient rapidement en hâtant l'Empire vers son écroulement. Quelque terribles et absorbantes que fussent les occupations et les préoccupations de Napoléon, nous le voyons malgré tout, garder le souci du progrès intellectuel. C'est ainsi qu'en juillet 1807, rentrant à Paris, après la paix de Tilsitt, il fait rappeler à l'Institut, qu'aux termes de l'arrêté consulaire du 13 ventôse an x (4 mars 1802), il doit rendre compte au Gouvernement des progrès accomplis en France dans les sciences, les lettres et les arts depuis 1807, par une suite de cinq Rapports, Discours ou Traités consacrés aux sciences mathématiques, aux sciences physiques, à la Littérature française, à l'Histoire et à la Littérature ancienne, aux Beaux-Arts. Le 6 février 1806, la première classe de l'Institut, toujours la plus zélée à répondre aux ordres de Napoléon, est reçue en audience solennelle à la barre du Conseil d'État. Bougainville, son président y prononce un discours important dans lequel il annonce que Delambre et Cuvier vont faire seulement la lecture de la préface de leur ouvrage sur la période 1789 à 1808 qui en même temps qu'elle sera pour les événements politiques et militaires une des plus mémorables dans les fastes des peuples, sera aussi une des plus brillantes dans les fastes du monde savant.

Après avoir entendu ce discours et la date du Rapport de Delambre et Cuvier, Napoléon prononça les paroles suivantes :

Messieurs les Présidents, Secrétaires et Députés de la première classe de l'Institut, j'ai voulu vous entendre sur les progrès de l'esprit humain dans ces derniers temps, afin que ce que vous auriez à me dire fût entendu de toutes les nations et fermât la bouche aux détracteurs de notre siècle, qui, cherchant à faire rétrograder l'esprit humain, paraissent avoir pour but de l'éteindre.

J'ai voulu connaître ce qui me restait à faire pour encourager vos travaux, pour me consoler de ne pouvoir plus concourir autrement à leur succès. Le bien de mes peuples et la gloire de mon trône sont également intéressés à la prospérité des sciences.

Mon ministre de l'intérieur me fera un Rapport sur toutes vos demandes. Vous pouvez compter constamment sur les effets de ma protection.

Nous touchons aux années 1809, 1810, 1811, 1812 ; aux désastres de 1813, aux événements de 1814, à l'effondrement de 1815. Napoléon n'a plus guère le temps ni la présence d'esprit suffisante pour s'occuper d'une façon courante de l'Institut ; mais l'Institut ne l'oublie pas et saisit toutes les occasions de lui rappeler son dévouement et son admiration. Au lendemain de la bataille de Wagram, l'Institut présidé alors par Boissy d'Anglas, est reçu en audience particulière par Bonaparte le 16 novembre 1809 et lui dit :

Sire, l'Institut de France vient offrir à Votre Majesté, le tribut de fidélité et de respect, d'amour et d'admiration que lui apportent de toutes parts les nombreux sujets qui lui obéissent. C'est à l'ombre de votre auguste protection que se développent avec le plus d'éclat toutes les lumières de l'esprit humain et que ses progrès reçoivent une activité nouvelle. Votre voix fait naître les succès, vos institutions les assurent, vos encouragements les honorent. Toutes les parties des connaissances humaines sont favorisées par Votre Majesté, toutes les créations du génie sont récompensees par Elle. Elle daigne appeler auprès de son trône les savants les plus justement célèbres et faire rejaillir sur eux une partie de sa splendeur ; elle associe leurs théories aux hautes conceptions du Gouvernement ; elle les consulte, elle les écoute, et souvent en partageant leurs travaux, elle prouve qu'aucun genre de gloire ne devait lui rester étranger.

Le 2 avril 1810, le jour du mariage de Napoléon avec l'archiduchesse Marie-Louise, l'Institut veut prendre part à cet événement considéré alors comme une habileté politique et comme une assurance de longue paix, et il prescrit à son architecte Vaudoyer de lui faire un devis d'illumination qui s'élève à 8892 fr. 60. L'effet fut très beau et tout Paris accourut pour voir le Palais de l'Institut enguirlandé de cordons de feux avec des transparents de lumières où étaient peints le buste de Minerve et les attributs des Lettres, des Sciences et des Arts.

Voici l'année 1813. Du 22 mai, au lendemain des victoires de Lutzen, de Bautzen, remportées sur les Prussiens et les Russes, à 4 heures du matin, sur le champ de bataille de Wurtschen, de son camp impérial, Napoléon dicte un décret par lequel il ordonne qu'un monument sera élevé sur le Mont-Cenis, un monument magnifique pour transmettre à la postérité la plus reculée le souvenir de cette époque célèbre où en trois mois 1200,000 hommes ont couru aux armes pour assurer l'intégrité du territoire de l'empire et de ses alliés. Napoléon prescrit à Marie-Louise, Impératrice, Reine et Régente, d'inviter l'Institut de France, celui du Royaume d'Italie, les Académies de Rome, d'Amsterdam, de Turin et de

Florence pour présenter un projet pour l'exécution duquel vingt-cinq millions seront dépensés.

Nous aimons à rappeler ce fait parce qu'il marque bien la constante préoccupation de Napoléon de donner un caractère scientifique à tous ses actes. Ce décret fut notifié à Delambre, chevalier de l'Empire, secrétaire perpétuel de la première classe de l'Institut impérial de France (pour les sciences mathématiques[1], et la quatrième classe celle des Beaux-Arts fut spécialement chargée de veiller à sa composition. Le 24 juin 1813, l'Institut tout entier désigna les Commissaires suivants : Monge, Prony, Carnot, Regnaud de Saint-Jean d'Angély, de Ségur, Raynouard, Quatremère de Quincy, de Laborde, Visconti, Fontaine, Denon, Percier, Dufourny, Peyre, Lemot. Le projet reçut un commencement d'exécution. Malheureusement les événements allaient se presser terribles et universels et le 3 avril 1814, le Sénat consomme la défection générale en déclarant que Napoléon est déchu du trône, le droit d'hérédité aboli dans sa famille, le peuple français et l'armée déliés du serment de fidélité.

Le 5 avril suivant l'Institut est dans la consternation d'être mis en demeure, en sa qualité de corps constitué, d'adhérer à la déchéance du plus puissant, mais non pas du plus grand de ses membres. Se rappelant que Napoléon non seulement est leur collègue, mais qu'il a été aussi un bienfaiteur constant, un procès-verbal timide est rédigé, le secrétaire perpétuel prononce un discours qui est vivement interprété et pour la pudeur de la gratitude humaine et de l'histoire, l'assemblée arrête que ce discours qui faisait une soumission servile à l'acte du Sénat, ne sera pas inscrit au procès-verbal.

Napoléon avait amassé contre lui bien des passions violentes au dehors, en France, et à l'étranger; hélas, au sein même de l'Institut, il s'était élevé même contre lui les rancunes les plus persistantes. Les premières dataient surtout du 5 nivôse an XIV (26 décembre 1805), époque à laquelle Napoléon avait fait convoquer spécialement l'Institut par Champagny, ministre de l'intérieur, pour faire donner à la Compagnie lecture d'une lettre écrite de Schœnbrunn le 22 frimaire précédent (13 décembre). Cet incident pénible pour l'Institut, douloureux pour le grand savant qu'elle visait, affligeant pour la mémoire de Napoléon dépeint trop bien l'état psychologique de son caractère absolu pour que nous le passions sous silence. Voici cette lettre relative à Jérôme Lalande :

Monsieur Champagny,

C'est avec un sentiment de douleur que j'apprends qu'un membre de l'Institut, célèbre par ses connaissances, mais tombé aujourd'hui en enfance n'a pas la sagesse de se taire et cherche à faire parler de lui, tantôt par des annonces indignes de son ancienne réputation et du corps auquel il appartient, tantôt en professant l'athéisme, principe destructeur de toute organisation sociale, qui ôte à l'homme toutes ses consolations et toutes ses espérances. Mon intention est que vous appeliez auprès de vous le Président et le Secrétaire de l'Institut et que vous les chargiez de faire connaître à ce corps illustre dont je m'honore de faire partie, qu'il ait à mander à M. Delalande (sic) et à lui adjoindre, au nom du corps, de ne plus rien imprimer et de ne pas obscurcir dans ses vieux jours ce qu'il a fait dans ses jours de force pour obtenir l'estime des savants ; et si ces invitations fraternelles étaient insuffisantes, je serais obligé de me rappeler aussi que mon premier devoir est d'empêcher que l'on n'empoisonne la morale de mon peuple. Car l'athéisme est destructeur de toute morale, sinon dans les individus, du moins dans les nations.

Sur ce je prie Dieu qu'il vous ait en sa sainte garde.

NAPOLÉON.

Cette lettre fut lue en présence de Lalande qui répondit qu'il se soumettrait au désir de l'Empereur. Et à partir de ce jour le grand savant ne donna plus une seule marque publique d'athéisme.

Nous sommes loin de l'époque, encore voisine cependant de la proclamation de l'Empire, où les actes officiels portaient la formule célèbre : « Napoléon par la grâce de Dieu et les constitutions de la République, Empereur des Français, etc. » A l'heure actuelle, arrivé à l'apogée d'une puissance incontestée et d'une gloire incomparable, sur le fait de l'absolutisme le plus complet, l'arbitre de l'Europe avait ainsi modifié ses titres : « Napoléon, Empereur des Français, Roi d'Italie, Protecteur de la Confédération du Rhin, etc. » *La grâce de Dieu, les constitutions de la République*, tout avait disparu pour faire place au bon plaisir, à la volonté d'un seul homme, lequel avait laissé échapper récemment cette parole qui le représentait tout entier, à propos de ses difficiles relations avec Pie VII : « Le Pape est encore plus fort que moi. J'ordonne aux Rois, mais lui, il commande aux consciences ! »

Les esprits, les consciences, les cœurs, il en était arrivé à vouloir tout dominer — même l'insaisissable.

V

HISTOIRE DE LA DÉMISSION DE NAPOLÉON MEMBRE DE L'INSTITUT.

On parle souvent des vicissitudes des choses de ce monde. On ne doit pas oublier la trahison si commune aux hommes, non plus que la fragilité des sentiments des corps constitués. L'Institut attendit à peine l'abdication de Napoléon, signée le 11 avril 1814 à Fontainebleau, pour demander successivement à être reçu par le Roi de Prusse, l'Empereur d'Autriche et l'Empereur de Russie. Ce qui fut accordé. Nos vainqueurs ne voulant pas demeurer en reste avec de telles avances rendirent une visite solennelle, le 21 avril, au premier Corps savant du monde. La première fois le Président avait dit à Alexandre Ier : « Notre bonheur est votre bienfait, votre conquête. Vous avez appris aux héros une nouvelle manière de triompher. On se trompe sur la grandeur, les malheurs du monde ne l'ont attesté que trop souvent ; mais quel cœur peut se tromper sur la magnanimité ? Désormais on se défiera de toute admiration que l'épouvante accompagne. L'admiration n'est légitime que lorsqu'elle est mêlée d'amour. La nôtre est bien pure : nous ne louons pas, Sire, nous bénissons. » — La seconde fois le Président en s'adressant au Roi de Prusse n'hésita pas à féliciter *l'héritier du grand Frédéric*. Combien en 1871 l'attitude de l'Institut fut plus noble, plus digne, plus patriotique, en ordonnant la clôture de ses séances, en mettant en berne son drapeau, le jour de l'entrée des Prussiens à Paris. Combien la conduite de son doyen d'âge, de gloire et d'ancienneté, le très illustre M. Chevreul, avait été grande et courageuse pendant le bombardement qui n'épargna pas le Muséum d'histoire naturelle, l'antique Jardin des Plantes de Buffon et de Daubenton.

Du 4 mai 1814 au 1er mars 1815, l'Institut resta silencieux, hésitant, comme regrettant ses palinodies. Lorsque le 20 mars, on apprit comme un coup de foudre, le départ de l'île d'Elbe et l'arrivée triomphale de Napoléon à Paris, l'Institut tout entier sentit renaître son affection d'autrefois. Carnot qui venait de recevoir le portefeuille de l'intérieur prend habilement les devants et profitant de ce changement favorable, l'accentue encore, en adressant au Président la lettre suivante :

Monsieur le Président,

Les premiers corps de l'Etat s'empresseront sûrement, dans cette circonstance, d'adresser des félicitations à l'Empereur sur son heureux retour. La gloire de notre belle patrie revient avec ses aigles ; mais Sa Majesté, oubliant les conquêtes que nous devions à son génie, ne veut plus s'occuper que du bonheur de son peuple, en lui donnant des institutions fondées sur la liberté, sur l'égalité des droits et en faisant fleurir le commerce et les arts. Ne nous enorgueillissons pas d'avoir été les maîtres de l'Europe. Plus de flatterie : elle doit être écartée d'un trône relevé par un grand homme.

L'Institut, ce foyer de lumière, répondra à ces idées libérales pour lesquelles nous avons combattu pendant vingt-cinq années et qu'un Gouvernement élevé par la Force, usé, vieilli et détruit en moins d'une année, voulait faire disparaître.

Je vous prie, Monsieur le Président, de me faire parvenir immédiatement l'adresse de l'Institut. Vous jugerez facilement dans quel sens elle doit être rédigée.

Le Ministre de l'Intérieur, comte de l'Empire.

CARNOT.

L'Institut réuni aussitôt en assemblée générale, arrêta la rédaction de l'adresse demandée, dans les termes que voici :

Sire,

Les Sciences que vous cultiviez, les Lettres que vous encouragiez, les Arts que vous protégiez, ont été en deuil depuis votre départ.

L'Institut attaqué dans son heureuse organisation, voyait avec douleur la violation imminente du dépôt qui lui était confié, la dispersion prochaine d'une partie de ses membres.

Nous appelions avec toute la France un Libérateur, la Providence nous l'a envoyé.

Vous êtes venu au secours de la nation inquiète sur tous ses intérêts, blessée dans ses plus chers sentiments, offensée dans sa dignité, et la route que vous avez parcourue des bords de la Méditerranée jusqu'à la Capitale a offert l'image d'un long triomphe.

Une dynastie abandonnée par le peuple français, il y a plus de vingt ans, s'est éloignée devant le monarque que le vœu du peuple français avait appelé au trône par la toute-puissance de ses suffrages trois fois réitérés.

Vous allez nous assurer, Sire, l'égalité des droits de citoyen, l'honneur des braves, la sûreté de toutes les propriétés, la liberté de penser et d'écrire, enfin une constitution représentative. Bientôt nous verrons terminer ces grands monuments des arts dont nos villes s'enorgueillissaient et ceux qui devaient répandre d'une extrémité de l'Empire à l'autre, la vie et la prospérité.

Sire, hâtez le moment où placé entre votre Epouse et votre Fils, entouré des représentants d'un Peuple libre et fidèle, qui vous apporteront de tous les départements le vœu national, le résultat d'une expérience de vingt-cinq années de révolution, vous renouvellerez avec la France le contrat auguste et saint qui est resté gravé dans tous les cœurs français, et qui, fortifié par toutes les stipulations, par toutes les garanties qu'appelle l'opinion publique et que promet votre sagesse, attachera pour jamais la nation à votre personne et à votre dynastie.

Cette adresse fut insérée au *Moniteur* du 3 avril 1815. Une seule voix s'éleva contre les termes de la rédaction. Ce fut celle de Suard, qui était secrétaire perpétuel de la deuxième classe (langue et littérature françaises), et qui le fit de la manière suivante :

Messieurs, c'est avec une extrême répugnance que je prends la parole pour proposer une objection à l'adresse qu'on vient de lire et que l'assemblée paraît disposée à adopter sans discussion.

Je déclare d'abord que j'approuve l'esprit dans lequel elle a été rédigée ; que j'adopte les principes politiques qui y sont très bien exposés et que je me joins aux justes éloges qui y sont donnés à S. M. l'Empereur; mais j'aurais désiré que suivant l'invitation faite à l'Institut par Son Excellence le Ministre de l'Intérieur, aucune flatterie ne se joignît à la louange. J'appelle flatterie tout ce qui a pour but de plaire à la puissance en blessant la vérité.

Je trouve dans l'adresse quelques lignes qui me paraissent blesser la vérité et la justice, et je ne puis y donner mon assentiment. Je n'insisterai pas sur ce passage, parce que je ne veux pas provoquer une discussion qui pourrait avoir de l'inconvénient sans aucune utilité.

Je prie l'assemblée de ne pas regarder mon opinion comme acte d'opposition au Gouvernement, ce qui, de ma part, ne serait qu'une ridicule forfanterie. Je n'ai jamais eu qu'un principe en gouvernement. C'est celui de Saint Paul, que toute puissance vient de Dieu. Je me soumets volontairement à toute autorité établie, et c'est avec sincérité que je voue soumission et obéissance au gouvernement de l'Empereur.

L'Assemblée se montra étonnée, inquiète, hésitante, et au procès-verbal on ne trouve pas trace du passage incriminé par Suard. Huzard, membre de la première classe, présidait la séance. Il a laissé des détails sur cet incident dans des pièces qui appartiennent aujourd'hui à la Bibliothèque de l'Institut. D'après M. Ernest Maindron qui a consulté ces précieux documents auxquels il fait allusion dans son ouvrage sur l'Académie des Sciences, les observations présentées par Suard portaient spécialement sur cette phrase de l'adresse : « *Nous appelions avec toute la France un libérateur, la Providence nous l'a envoyé.* » Cette assertion doit être la vérité, car le fils d'Huzard l'aîné, Huzard jeune, mort en 1882, et qui était membre et trésorier perpétuel de la Société nationale d'agriculture de France, dont notre père a été le Secrétaire perpétuel, a relaté en notre présence ce fait historique en citant la phrase de Suard indiquée par M. Ernest Maindron.

L'incident est assez intéressant pour que nous insistions en ce qui le concerne, d'autant plus que porté à la connaissance de Napoléon, il devait le décider plus encore à mettre à exécution le projet qu'il avait formé à l'île d'Elbe, sinon d'abandonner l'Institut, tout au moins de lui donner une leçon pour ses avances envers les alliés et envers Louis XVIII.

L'Empereur en entendant le 2 avril 1815 la lecture de cette adresse ne parut pas touché. Il resta froid et impénétrable, et le 10 du même mois, il faisait adresser par Carnot la lettre suivante :

Monsieur le Président,

L'Empereur a reconnu l'inconvénient qu'il y a de laisser vacante, dans la section de mécanique de la première classe de l'Institut, la place que Sa Majesté est obligée de laisser inactive de fait. Sa Majesté tient cependant à honneur d'avoir dû cette distinction scientifique, comme simple particulier, aux suffrages de ses anciens collègues; mais aujourd'hui en sa qualité d'Empereur, le titre de Protecteur de l'Institut est celui qu'il convient de lui donner dans les listes qui seront imprimées, sans cependant oublier d'y rappeler qu'il a été élu le 5 nivôse an VI.

Je vous invite, Monsieur le Président, conformément à l'ordre de Sa Majesté, à faire nommer le plus tôt qu'il vous sera possible à la place réputée vacante, dans la section de mécanique, en vous conformant d'ailleurs à ce qui est prescrit par les règlements.

Agréez, monsieur le Président, l'assurance de ma haute considération

Paris, le 10 avril 1815.

CARNOT.

C'était là, bel et bien, non pas seulement une démission, mais un abandon déguisé sous le nom dédaigneux de Protecteur. L'Institut fut désolé. Il sentit le coup cruellement et se conforma sans mot dire aux ordres qui lui étaient transmis par Carnot, la victime du coup d'Etat de fructidor de l'an V, l'illustre expulsé de l'Institut et dont la place avait été donnée à Napoléon. Le 8 mai 1815, la première classe choisit Molard comme successeur de l'Empereur.

Le fauteuil académique de Napoléon qui avait appartenu avant lui à Vandermonde et à Carnot a été occupé successivement depuis le décès de Molard, par Gambey, Combes et Tresca. M. Marcel Deprez en est le titulaire actuel.

Carnot avait repris sa place à l'Institut dès 1799.

CHAPITRE QUATRIÈME

L'EXPÉDITION D'ÉGYPTE.

L'exposé de l'expédition d'Egypte montrera quelle confiance le général Bonaparte avait dans la science et les savants. Avec ce grand coup d'œil du génie, dont il donna tant de preuves éclatantes dans sa fabuleuse carrière, il avait compris que c'était du côté de l'Afrique que la France devait chercher à établir sa puissance colonisatrice, et qu'il fallait agir vite et bien, avec ces deux puissants auxiliaires des conquêtes durables : 1° une armée très disciplinée ayant la foi dans son chef; 2° un état-major de savants et d'artistes. Bonaparte prit le soin de s'entourer des hommes les plus éminents et de placer à côté de ses aides de camp, Monge et Berthollet.

I

ORGANISATION SCIENTIFIQUE DE L'EXPÉDITION D'EGYPTE.

Ce ne fut pas à la Chaussée-d'Antin, dans la petite maison de Joséphine, rue Chantereine, aujourd'hui rue de la Victoire, que cette grande entreprise se prépara, mais dans le Paris de la rive gauche.

Ce Paris de la rive gauche offrait en descendant vers l'ouest tous nos établissements militaires : Invalides, ministère de la Guerre, et son école, l'Ecole polytechnique, ardent foyer d'enthousiasme alors, comme était (en remontant vers l'est) l'Ecole de Médecine, et celle du Muséum d'histoire naturelle : Ces Ecoles allaient fournir aux grandes guerres un peuple de médecins, d'ingénieurs, de savants en tout genre.

Au centre, siégeait l'Institut, jeune alors; il se glorifiait de compter parmi ses membres l'habile prestidigitateur qui faisait mouvoir ses ressorts.

A mi-côte de la Montagne, dans la belle rue Taranne, étaient établis les bureaux où toute l'expédition se préparait. Là venaient les militaires et les savants. La rue Taranne, limitée d'un côté par la rue des Saints-Pères, offrait à l'autre bout au coin de la rue Saint-Benoit, la glorieuse maison où l'Europe tout entière écouta Diderot, son oracle encyclopédique. (La maison de Diderot n'existe plus. Elle a été démolie pour continuer le boulevard Saint-Germain. Elle se trouvait à peu près en face de la statue élevée, en 1885, au grand écrivain). Michelet qui a ressuscité dans son style si imaginatif toute cette époque si intéressante rapporte qu'en tête de cette réunion il y avait (chose rare!) un homme de cœur et qui en donnait à tout le monde, Caffarelli. Il avait perdu une jambe dans les campagnes du Rhin, et il semblait le plus actif de tous, le plus infatigable.

Les autres, au nombre de plus de cent, étaient pour la plupart de fort jeunes gens. Fourier, l'illustre auteur du livre de la *Chaleur*, l'élève favori de Lagrange, était l'homme complet, dont les aptitudes diverses répondaient à tous les besoins. Savant et érudit, administrateur, écrivain à la fois sévère et éloquent, à lui, comme au plus digne, revint la première place, celle de secrétaire perpétuel de l'Institut d'Egypte. C'est à lui que Kléber donna l'idée du grand ouvrage qui résume l'expédition.

Il y avait, en outre, une foule d'hommes laborieux, comme Jomard, mort seulement en 1862 à 85 ans, qui épousa l'Egypte, et qui non seulement sous Bonaparte, mais tout autant sous Méhemet-Ali, couva l'Afrique avec une ardeur persévérante, prêta son appui aux enfants qu'elle envoyait et ses soins aux travaux dont elle était l'objet.

A ces savants ajoutez la foule des médecins, chirurgiens, ingénieurs, administrateurs attachés à l'armée. Bref, la colonie était une ville, la fleur de Paris, de la France. Et cette France avait deux pôles qu'on voit ensemble rarement : l'imagination inventive qu'elle trouva dans Etienne Geoffroy Saint-Hilaire et le jugement fécond autant que ferme qu'elle eut dans Fourier. Bref, il y a là, comme ajoute Michelet, tout le XVIIIe siècle au complet et l'Europe elle-même merveilleusement représentée. Une telle création avec de tels éléments, c'est un être qui a en soi toutes les conditions de s'achever, d'agir et qui fatalement aboutit. Bonaparte avait dit avec raison : « L'Egypte n'appartient pas au Grand-Seigneur. Elle est au conquérant qui la donnera à son pays. C'est le portail de l'Afrique. » Et plus tard il devait ajouter : « Le temps que j'ai passé en Egypte a été le plus beau de ma vie, car il en a été le plus idéal. »

La force de l'armée de mer, constituée par Bonaparte montait à 10,000 hommes, avec treize vaisseaux, quatorze frégates, quatre bricks, 72 cutters, corvettes, avisos, chaloupes canonnières et 400 bâtiments de transports. L'armée de terre s'élevait à 36,000 hommes. Tout ce corps d'expédition comprenait les vieux soldats, les meilleurs généraux, les plus habiles marins, les amiraux les plus consommés.

Bonaparte avec son esprit de prévoyance avait veillé lui-même à l'administration et au service de santé. La première avait été confiée à Sucy, commissaire ordonnateur en chef et ensuite à H. d'Avila; à Poussielgue, contrôleur général des dépenses et à Estève payeur général. Le service médical était entre les mains de Desgenettes médecin en chef, de Larrey chirurgien en chef, de Royen, pharmacien en chef. Boudet succéda à ce dernier un peu plus tard.

Monge et Berthollet furent les principaux inspirateurs et les directeurs de la Commission des sciences et droits qu'ils constituèrent d'un commun accord et divisèrent de la façon suivante :

Imprimerie orientale et française. — Marcel, directeur; Prentis et Gallant, protes et sous-chefs; Bauduin et Besson, directeurs divisionnaires.

Géométrie. — Monge, Malus, Charbaud, Moret, Fourier, Costaz, Corancez, Say, Bringuet, Bouchard.

Astronomie. — Nouet, Quesnot, Méchain fils, Beauchamp.

Mécanique et Aérostats. — Hassenfratz jeune, Sirop, Adnès père, Adnès fils, Conté, Couvreur, J.-M.-J. Coutelle, L'Homont, Aimé, Collin, Hérault, Plazanet.

Chimie. — Berthollet, Potier, Champy père, Champy fils, Descotiles, Samuel Bernard, Regnault.

Minéralogie. — Dolomieu, Cordier, de Rozières, Victor Dupuy.

Botanique. — Nectoux, Delile, Coquebert.

Zoologie. — Etienne Geoffroy Saint-Hilaire, J. C. Savigny, Alex. Gérard.

Chirurgie. — Dubois père, Dubois fils, Labate, Lacipière, Ponqueville, Bessières, Daburon, Dewèvre.

Pharmacie. — Boudet, Rouyer, Roguin.

Horlogerie. — Lemaître.

Economie politique. — Fauvelet-Bourrienne, Regnaud de Saint-Jean d'Angély, Gloutier, Tallien.

Antiquités. — Pourlier, Ripault, Panuzen.

Architectes. — Norry, Balzac, Protain, Hyacinthe Lepère, Demoulin.

Peintres. — Redouté, Rigo, Joly.

Dessinateurs. — Dutertre, Denon, Portal, Caquet, Peré.

Ingénieurs des Ponts-et-Chaussées. — Lepère aîné et P. S. Girard, ingénieurs en chef; Bodard, Faye, Martin, Duval, Gratien Lepère, Saint-Genis, Lancret, Favre, Devilliers, Jollois, Favier, Thévenot, Chabrol, Raffeneau-Delisle. Arnollet, du Bois-Aymé, Moline.

Ingénieurs géographes. — Testevuide et Jacotin, ingénieurs en chef; Lafeuillade, Bertre, Lecesne, Bourgeois, Leduc, Dulion, Faure, Lévèque, Laroche, Jomart aîné, Corabœuf, Simonel, Schouani, Lathuille.

Ingénieurs de marine. — Boucher, Chaumont, Greslé, Vincent, Bonjean.

Ingénieur-mécanicien hydraulique. — Cécile.

Ingénieur en instruments de mathématiques. — Lenoir fils.

Sculpteur. — Casteix.

Graveur. — Fouquet.

Littérateurs. — Parseval-Grandmaison, Leronge, Arnault, Bénaben.

Musiciens. — Villoteau, Rigel.

Elèves de l'Ecole Polytechnique. — Vincent, Viard, Alibert, Caristie, Duchanoy, Pottier, Jomard jeune.

Interprètes. — Venture, Magallon, Amédée Jaubert, Raige, Belleteste, de Laporte, L'Homaca, Bralevich.

Bonaparte savait chercher et trouver les aptitudes. L'intrigue avait peu de prise sur lui. C'était un inventeur d'hommes, nous allions presque dire un *Faiseur d'Hommes* si l'expression n'avait été prise par nos amis et collaborateurs Yveling Ram Baud et Dubut de Laforest pour leur beau roman philosophique et physiologique. Bourrienne raconte qu'un des grands plaisirs de Bonaparte, était après le dîner, de désigner trois ou quatre personnes pour soutenir une proposition et autant pour la combattre. Ces discussions avaient un but : le général y trouvait à étudier l'esprit de ceux qu'il avait intérêt de bien connaître, afin de leur confier ensuite les fonctions auxquelles ils montraient le plus d'aptitude par la nature de leur esprit. Il donnait toujours lui-même le texte de la discussion ; il la faisait rouler le plus souvent sur des questions de religion, sur les différentes espèces de gouvernement, sur la stratégie. Un jour il demandait si les planètes étaient habitées; un autre jour quel était l'âge du monde; puis il donnait pour objet à la discussion, la probabilité de la destruction de notre globe, soit par l'eau, soit par le feu; enfin la vérité ou la fausseté des pressentiments et l'interprétation des rêves.

On sait comment, à l'instant de mettre à la voile le 30 floréal an VI (19 mai 1798), Bonaparte apprit à l'armée tout entière par une proclamation restée célèbre le but de l'expédition. On sait comment, pendant son trajet, il prit Malte ; comment il signala son arrivée sur la vieille terre d'Egypte, par la prise d'Alexandrie, la victoire des Pyramides, son entrée au Caire le 6 thermidor an VI) 24 juillet 1798). « Ce grand projet médité dans le silence, fut préparé avec tant d'activité et de secret, a écrit Fourier dans la préface historique de sa *Description de l'Egypte* que la vigilance inquiète de nos ennemis fut trompée; ils apprirent presque dans le même temps qu'il avait été conçu, entrepris et exécuté. » Cette activité sans pareille, cet esprit de décision rapide, sont un des caractères psychologiques et spéciaux de Napoléon. Il n'hésita jamais dans ses entreprises, et son esprit allait du simple au composé, tandis que chez la plupart des hommes, la conception part toujours du composé pour aboutir après mille traverses à la simplification.

II

CRÉATION DE L'INSTITUT DU CAIRE.

Parvenu au terme de cette campagne, Bonaparte ne perdit pas une minute. Dès le 3 fructidor an VI, (20 août 1798), il se consacra à la fondation de l'Institut du Caire. Il le divisa en quatre classes donnant asile officiel à une science nouvelle qui avait déjà un beau passé avec les économistes du XVIIIe siècle, et qui devait prendre une extension rapide. Nous avons nommé l'économie politique dont Bonaparte fit la troisième classe; les autres étaient réservées aux mathématiques, à la physique, à la littérature et aux arts.

La présidence active de l'Institut du Caire fut confiée à Monge. Bonaparte se réserva la vice-présidence afin de pouvoir y faire pénétrer son influence à tout instant. Fourier fut le secrétaire perpétuel et

Costaz, le secrétaire adjoint. Les classes furent composées de la façon suivante :

Mathématiques. — Andréossy, Bonaparte, Costaz, Fourier, Girard, Lepère, Leroy, Malus, Monge, Nouet, Quesnot, Lancret.

Physique. — Berthollet, Champy, Conti, Raffeneau-Delisle, Descotils, Desgenettes, Dolomieu, Larrey, Etienne Geoffroy Saint-Hilaire, Savigny.

Economie politique. — Corancez, Gloutier, Poussielgue, Sulkowski, Fauvelet-Bourrienne, Tallien.

Littérature et arts. — Denon, Dutertre, Noiry, Parseval-Grandmaison, Redouté, Rigel, Ripault, dom Raphaël, prêtre grec.

L'Institut national de France se réjouit tout entier de la création de l'Institut d'Egypte. La première classe dans sa séance du 26 frimaire an VII (16 décembre 1798), s'empressa de choisir Laplace, Fourcroy et Lacépède, pour préparer une série de questions qui devaient être adressées au Caire. La deuxième classe nomma dans le même but, Fleurieu, Grégoire et Volney. La troisième classe désigna Dupuis, Langlès et Mongez. Grégoire composa immédiatement un Rapport général. Il fut transmis sans délai en Egypte et on peut le lire dans le tome III des Mémoires de l'Institut (sciences morales et politiques).

Dès le lendemain de sa fondation, l'Institut d'Egypte constituait son bureau et Bonaparte y venait proposer les questions suivantes :

1° *Les fours employés pour la cuisson du pain de l'armée sont-ils susceptibles de quelques améliorations sous le rapport de la dépense du combustible, et quelles sont ces améliorations ?*

L'examen de cette question fut renvoyé à une

commission composée de Berthollet, Caffarelli, Say et Monge.

2° *Existe-t-il en Egypte des moyens de remplacer le houblon dans la fabrication de la bière?*

L'examen de cette question fut renvoyé à Berthollet, Malus, Costaz, Gloutier, Desgenettes.

3° *Quels sont les moyens de clarifier et de rafraîchir l'eau du Nil?*

Les commissaires nommés furent Monge, Berthollet, Costaz et Venture.

4° *Dans l'état actuel des choses au Caire, lequel est le plus convenable à construire, du moulin à eau ou du moulin à vent ?*

Les commissaires nommés furent Caffarelli, Andréossy, Malus, et Costaz.

5° *L'Egypte présente-t-elle des ressources pour la fabrication de la poudre? Quelles sont ces ressources ?*

Les commissaires nommés furent Monge, Berthollet, Malus, Andréossy et Venture.

6° *Quelle est en Egypte la situation de la jurisprudence, de l'ordre judiciaire, civil et criminel, et de l'enseignement? Quelles sont les améliorations possibles dans ces parties, et désirées par les gens du pays ?*

Les commissaires nommés furent Sucy, Sulkowski, Tallien et Costaz,

Les relations entre l'Institut de France et l'Institut du Caire se multiplièrent et Bonaparte se réjouissait de ce mouvement qu'il avait fait naître et qu'il entretint de son feu sacré, de son activité dévorante jusqu'au 5 fructidor an VII (22 août 1799), jour où il quittait l'Egypte, abandonnant au général Kléber l'achèvement de cette conquête qui devait sombrer dans de terribles événements.

En créant au Caire un Institut des sciences et des

arts, Bonaparte avait eu en vue la propagation et le progrès des lumières en Egypte, ainsi que l'étude et la publication des faits naturels, industriels et historiques de cette ancienne contrée. Il voulait donner ainsi une preuve palpable de ses idées de civilisation. Parmi les motifs énoncés dans la fondation de cet Institut, dans l'énumération de ses travaux imprimés par son ordre, les procès-verbaux des séances, on a la preuve de l'étendue des vues de Napoléon qui avait voulu que ce nouveau corps savant s'occupât de tout ce qui pouvait être utile à l'Egypte, à la France, à l'humanité.

L'Institut avait un fort beau local avec un grand jardin destiné à de nombreuses plantes médicinales et autres. Bonaparte avait formé le projet d'y faire établir une ménagerie à l'instar de celle du Muséum d'histoire naturelle de Paris, un Observatoire astronomique, un Cabinet de physique, un Laboratoire de chimie, des salles d'antiquités. Ces divers établissements malheureusement ne furent pas tous achevés.

Bourrienne qui a été très injuste pour Bonaparte, dans ses *Mémoires*, a laissé échapper par instants des aveux qui montrent cependant sa grande admiration pour l'homme qu'il a trahi avec tant de perfidie. Il faut les saisir au passage et les garder comme l'expression de la vérité et d'un jugement sincère dans sa spontanéité. C'est ainsi qu'il reproduit des Notes authentiques et originales de Bonaparte sur l'Egypte en les accompagnant des remarques suivantes :

« De tous les livres d'histoire que nous a légués l'Antiquité, ceux que l'on cherche à plus juste titre sont ces livres rares et précieux échappés aux loisirs des hommes supérieurs, doués en même temps du génie qui conçoit et exécute de grandes choses, et du génie qui sait les raconter. Tels sont au premier rang l'histoire de la *Retraite des dix mille* de Xénophon et les *Commentaires* de César. Bonaparte, dont le nom peut sans flatterie être ici placé après le nom de ces deux grands hommes, excellait dans l'art de rendre sa pensée. Cette opinion, partagée par tous ceux qui ont pu l'entendre assez longtemps et assez souvent pour assister au développement de ses grandes idées, le sera, j'en suis certain, par toutes les personnes qui liront les notes suivantes. J'en puis parler ainsi, car c'est l'œuvre de Bonaparte et non la mienne.

» Ce fut pendant le temps qui s'écoula depuis notre retour au Caire, jusqu'au moment où nous partîmes pour les Pyramides que Bonaparte rédigea les *Notes sur l'Egypte* que l'on va lire. Je conserve à ce travail le titre modeste de *Notes* parce que c'est celui qu'il lui donna. Ces notes il ne me les dicta pas ; il les écrivit lui-même et les écrivit avec beaucoup de soin. »

Nous reproduisons ces notes parce qu'elles constituent un document extrêmement précieux montrant avec quelle puissance Napoléon savait condenser sa pensée et résumer les observations qu'il faisait sur les hommes et les choses. On peut affirmer qu'il a devancé les disciples de l'école expérimentale contemporaine dans la faculté d'observer, de comparer et de contrôler les faits naturels. De plus, on n'a jamais réuni en aussi peu de mots, autant de choses intéressantes sur l'Egypte. C'est un modèle d'exposé concis et précis.

III

NOTES DU GÉNÉRAL BONAPARTE SUR L'ÉGYPTE.

I. L'Egypte n'est proprement que la vallée du Nil depuis Assouan jusqu'à la mer.

II. Il n'y a d'habitable et de cultivé que le pays où l'inondation arrive et où elle dépose un limon que le Nil charrie des montagnes de l'Abyssinie. L'analyse de ce limon a donné du carbone.

III. Le désert ne produit que quelques broussailles qui aident à la subsistance des chameaux. Aucun homme ne peut vivre du désert.

IV. Rien ne ressemble à la mer comme le désert, et à une côte comme la limite de la vallée du Nil. Les habitants des villes qui y sont situées sont exposés à des incursions fréquentes des Arabes.

V. Les mameluks possédaient en fief les villages. Etant bien armés, bien montés, ils repoussaient les Arabes dont ils étaient la terreur. Cependant ils étaient trop peu nombreux pour garder cette immense lisière.

VI. C'est pourquoi, chaque frontière, chaque chemin est garanti par des tribus d'Arabes de la Province, qui, armés et à cheval sont obligés de repousser les agressions des Arabes étrangers, en conséquence de quoi ils ont des villages, des terres et des droits.

VII. Ainsi lorsque le Gouvernement est ferme, les Arabes domiciliés le craignent, restent en paix, et alors l'Egypte est presque à l'abri de toute incursion étrangère.

VIII. Mais lorsque le Gouvernement est faible, les Arabes se révoltent; alors ils quittent leurs terres pour errer dans le désert, et se réunir aux Arabes étrangers, pour piller le pays où ils font des incursions dans les provinces voisines.

IX. Les Arabes étrangers ne vivent pas dans le désert, puisque le désert ne nourrit personne; ils habitent en Afrique, en Asie ou en Arabie. Ils apprennent qu'il y a anarchie; ils quittent leurs pays, traversent douze ou quinze jours de désert, s'établissent aux points qui se trouvent sur les frontières du désert, et partent de là pour désoler l'intérieur de l'Egypte.

X. Le désert est sablonneux. Les puits y sont rares, peu abondants et la plupart salés, saumâtres ou sulfureux. Cependant il y a peu de routes où l'on ne trouve toutes les trente heures un puits.

XI. On se sert de chameaux, d'outres pour porter l'eau dont on a besoin. Un chameau peut porter de l'eau pour cent Français pendant un jour.

XII. Nous avons dit que l'Egypte n'était que la vallée du Nil; que le sol de cette vallée était primitivement le même que celui qui l'environne; mais que l'inondation du Nil et le limon qu'il donne avaient rendu la vallée qu'il parcourt une des portions de la terre la plus fertile et la plus habitable.

XIII. Le Nil croît en messidor et l'inondation commence en fructidor. Alors toute la terre est inondée; les communications sont difficiles. Les villages sont situés à une hauteur de 16 à 18 pieds. Un petit chemin sert quelquefois de communication; plus souvent il n'y a qu'un sentier.

XIV. Le Nil est plus ou moins grand, selon qu'il

a plus ou moins plu en Abyssinie ; mais l'inondation dépend encore des canaux d'arrosement.

XV. Le Nil n'a aujourd'hui que deux branches : celle de Rosette et celle de Damiette. Si l'on fermait ces deux branches de manière qu'il coulât le moins d'eau possible dans la mer, l'inondation serait plus grande et plus étendue, et le pays habitable plus considérable.

XVI. Si les canaux étaient bien nettoyés, bien étudiés, plus nombreux, on pourrait parvenir à conserver l'eau la plus grande partie de l'année dans les terres, et par là augmenter d'autant la vallée et le pays cultivable. C'est ainsi que les oasis de la Scharkyeh et une partie du désert depuis Péluse étaient arrosés. Tout le Bohahyreh, le Maryoutt et les provinces d'Alexandrie étaient cultivés et habités.

XVII. Avec un système bien entendu, ce qui peut être le fruit d'un bon Gouvernement, l'Egypte peut acquérir d'accroissement huit à neuf cents lieues carrées.

XVIII. Il est probable que le Nil a passé par le fleuve sans Eau qui, du Fayoum, passe au milieu des lacs Natron et se jette dans la mer au-delà de la tour des Arabes. Il paraît que Meris a touché cette branche du Nil et a donné lieu à ce célèbre lac dont Hérodote même ne connaît pas le travail.

XIX. Le Gouvernement a plus d'influence sur la prospérité publique que partout ailleurs. Car l'anarchie et la tyrannie n'influent pas sur la marche des saisons et sur la pluie. La terre peut être également fertile en Egypte. Une digue qui n'est pas coupée, un canal qui n'est pas nettoyé, rendent déserte toute une province ; car les semailles et toutes les productions de la terre se règlent, en Egypte, sur l'époque et la quantité de l'inondation.

XX. Le Gouvernement de l'Egypte étant tombé en des mains plus insouciantes depuis une cinquantaine d'années, le pays dépérissait toutes les années dans beaucoup d'endroits. Le désert a gagné sur la vallée et il est venu former des monticules de sable sur le bord même du Nil. Encore vingt ans du même gouvernement que celui d'Ibrahim et de Mourad-Bey et l'Egypte perdait le tiers de ses terres cultivables. Il serait peut-être facile de prouver que cinquante ans d'un gouvernement, pareil à celui de la France, de l'Angleterre, de l'Allemagne et de l'Italie, pourraient tripler l'étendue cultivable et la population. Les hommes ne manquent jamais au sol; car ils abondent de tous les côtés de l'Afrique et de l'Arabie.

XXI. Le Nil, depuis Açouan jusqu'à trois lieues au nord du Caire, coule dans une seule branche. De ce point que l'on appelle *ventre de la vache*, il forme les branches de Damiette et de Rosette.

XXII. Les eaux de la branche de Damiette ont une tendance marquée à couler dans celle de Rosette. Ce doit être un principe de notre administration en Egypte, de favoriser cette tendance qui favorise Alexandrie et toutes les communications directes avec l'Europe.

XXIII. Si l'on coupait la digue de Farâ ou Nyèh, la province du Bohahyreh gagnerait deux cents villages, et cela avec le canal qui part du Fayoum, approcherait l'inondation et la culture des murs d'Alexandrie. Cette opération ferait le plus grand tort aux provinces de la Scharkyeh, Damiette et Manssouràh; ce qui doit faire retarder jusqu'au moment favorable pour l'exécution. Mais elle doit être faite un jour.

XXIV. Le canal qui de Ramanyeh porte les eaux du Nil à Alexandrie, doit être creusé et rendu tel, qu'on y puisse naviguer toute l'année. Alors les bâtiments de cent tonneaux pourront aller pendant six mois de l'année d'Alexandrie au Caire et à Açouan, sans passer aucun boghaz.

XXV. Un travail que l'on entreprendra un jour sera d'établir des digues qui barrent la branche de Damiette et de Rosette, au *Ventre de la Vache*. Ce qui moyennant des batardeaux, permettra de laisser passer successivement toutes les eaux du Nil dans l'est et l'ouest, dès lors de doubler l'inondation.

XXVI. Dans l'inondation du Nil, les eaux arrivent jusqu'à seize lieues de Souëz; les vestiges du canal sont parfaitement conservés, et il n'y a aucune espèce de doute qu'un jour les bateaux ne puissent transporter les marchandises de Souëz à Alexandrie.

XXVII. Nous avons dit que l'Egypte était à proprement parler la vallée du Nil. Cependant une grande partie des déserts qui l'environnent, fait aussi partie de l'Egypte, et dans ces déserts, il est des oasis, comme dans la mer il est des îles. Du côté de l'ouest, les déserts qui font partie de l'Egypte s'étendent jusqu'à dix ou douze jours de marche de l'eau du Nil. Les points principaux sont les trois oasis Syrah et les lacs Natron. La première oasis est éloignée de trois journées de Syouth. On ne trouve point d'eau en route. Il y a dans cette oasis des palmiers, plusieurs puits d'eau saumâtre, quelques terres cultivables et presque constamment des fièvres malignes.

XXVIII. Pour se rendre du Caire à Tedigat, qui

est le premiers pays cultivé, il y a trente journées de marche dans le désert. On est jusqu'à cinq jours sans trouver d'eau.

XXIX. Les lacs Natron sont situés à douze heures de marche dans le désert de Tarranneh. On y trouve d'excellentes eaux, plusieurs lacs Natron et quatre couvents de Cophtes. Les couvents sont des forteresses; nous y avons placé garnison grecque et plusieurs pièces de canon.

XXX. Du côté de l'est, les déserts qui appartiennent à l'Egypte s'étendent jusqu'à une journée d'El-Arylh et au delà de Tor et du mont Sinaï. Quattyeh est une espèce d'oasis; il y a cinq ou six cents palmiers, de l'eau pour six mille homme et mille chevaux; il est éloigné de cinq heures de Saléyéh. On trouve deux fois un peu d'eau en chemin. Nous avons établi un fort de palmiers dans cette oasis importante.

XXXI. De Quattyeh, il y a vingt lieues. El-Aryeh est une oasis. Il y avait un beau village que nous avons démoli, et cinq ou six mille palmiers que nous avons coupés. La quantité d'eau, la quantité de matériaux, l'importance de sa position, nous y ont fait établir une place forte déjà dans un état de défense respectable. D'El-Arych, à Gazah, il y a seize lieues; on y trouve plusieurs fois de l'eau. On passe au village de Kan-you-Nesse.

XXXII. Tor et le mont Sinaï sont éloignés de dix jours de marche du Caire. Les Arabes de Tor cultivent des fruits et font du charbon. Ils emportent du Caire, des blés. Il y a, dans tout cet oasis, de la très bonne eau et abondante.

XXXIII. La population de tous les fellahs ou arabes qui habitent les oasis, tant du désert de l'est que du désert de l'ouest, et non compris les quatorze provinces, ne se monte pas à trente mille âmes.

XXXIV. La vallée du Nil se divise en Haute Egypte, Moyenne Egypte et Basse Egypte. La Haute Egypte contient les provinces de Dgirgeh, Manfelout, et Mynieh. La Moyenne comprend le Fayoum, le Beni-Youcef et le Caire. La Basse comprend le Boyahyreh, Alexandrie, Rosette, le Garbiyyeh, le Menoutiyyeh, Manssourah, Damiette, le Kalyoubiéh et le Scharkyyeh.

XXXV. La côte s'étend depuis le cap Durazzo jusqu'à une journée d'El-Arych. Le premier poste où nous ayons eu un établissement est le Marabout, situé à deux lieues ouest d'Alexandrie. Les ports d'Alexandrie sont défendus par une grande quantité de batteries et de forts qui la mettent tant par terre que par mer, à l'abri de toute attaque; le fort Cretin est un modèle de fortification. Aboukir, situé à cinq lieues d'Alexandrie a une bonne rade. Le lac Maadyeh où jadis débouchait la branche du Nil appelée Canopique arrive jusqu'à une lieue d'Alexandrie et jusqu'à deux lieues de Rosette, et du côté du sud jusqu'à une lieue de Berket. La bouche de Rosette a un boghaz très difficile à franchir. De Rosette à Bourlos, il y a cinq lieues. Le lac de Bourlos a une centaine de djermes et communique à Mehel-el-Kebir par un canal. L'embouchure du lac forme un très bon port, ayant de dix à douze pieds de fond. La bouche de Damiette est défendue par le fort Lesbé. Le lac Menzahléh qui s'étend jusqu'à l'ancienne Peluse, c'est-à-dire à vingt-cinq lieues, commence à une demi-lieue de Damiette. Il y a deux bouches, celles de Dybeh et d'Omm-Fatige. Il y a une grande quantité de bateaux sur ce lac. Le canal de Moëz se plonge dans ce lac une lieue au-dessous de San. Tinch ou l'ancienne Peluse est à quatre lieues de Quattyyeh. Nous avons déjà parlé de Quattyyeh à El-Aryeh. La côte est partout basse et mauvaise; partout au moins à une lieue, il y a des monceaux de sable et souvent à deux ou trois lieues.

XXXVI. La population de l'Egypte est de deux millions cinq cent mille habitants. Les Arabes domiciliés et établis avec la protection du Gouvernement dans les différentes provinces forment un total de douze mille cavaliers et de quarante mille hommes d'infanterie. Il y a environ quatre-vingt mille cophtes, quinze mille chrétiens 'damascains et six mille Juifs.

XXXVII. La Porte avait abandonné le gouvernement de l'Egypte à vingt-quatre beys qui avaient chacun une maison militaire plus ou moins nombreuse. Cette maison militaire consistait en esclaves de la Géorgie et de la Circassie, qu'ils achetaient de trois mille à quatre mille cinq cents francs, et qu'ils élevaient en militaires, Il pouvait y avoir, contre notre armée, huit mille mameluks à cheval, bien montés, bien exercés, bien armés et très braves, faisant propriété des beys régnants. L'on pouvait compter le double, descendant des autres mameluks, établis dans les villages ou vivant au Caire.

XXXVIII. Le pacha n'avait aucune autorité. Il changeait tous les ans ainsi que le Kadi-Askier que la Porte envoyait. Il y avait même dans le reste de l'Empire sept corps auxiliaires. Les chefs s'appelaient les sept grands odgiag-lys. Ces corps sont tellement diminués par la guerre, qu'il n'en reste plus aujourd'hui d'existants que mille vieux et infirmes, sans maîtres, et même attachés aux Français.

XXXIX. Les chérifs sont les descendants de la tribu des successeurs de Mahomet, ou, pour mieux dire, les descendants des premiers conquérants. Ils portent le turban vert.

Les ulémas sont les gens de loi et d'église qui ne ressemblent d'aucune manière à nos juges ni à nos prêtres.

Le chef des ulémas du Caire s'appelle grand Scheikh. Il a la même vénération dans le peuple que les cardinaux d'autrefois en Europe. Ils disent la prière chacun dans une mosquée, ce qui leur vaut quelque revenu et beaucoup de crédit.

La grande mosquée du Caire, appelée El-Azhar, est grande, belle, et a un grand nombre de docteurs et d'autres attachés à son service. Il y en a vingt-quatre principaux.

(*Ici les notes de Bonaparte cessent d'être numérotées*).

Il y a beaucoup de cafés au Caire, où le peuple passe la plus grande partie de la journée à fumer.

Les pauvres, les voyageurs, logent dans les mosquées, la nuit, et dans la chaleur.

Il y a une grande quantité de bains publics où les femmes vont se baigner et se racontent les nouvelles de la ville.

Les mosquées sont dotées comme l'étaient nos églises.

Les villages de l'Egypte sont des fiefs qui appartiennent à qui le prince les donne. En conséquence de quoi, il y a un cens que le paysan est obligé de payer au seigneur.

Les paysans sont propriétaires réels, puisqu'ils sont respectés, et qu'au milieu de toutes les révolutions et de tous les bouleversements, l'on ne viole jamais.

Cela fait qu'il y a deux espèces d'hommes en Egypte, les propriétaires de fonds ou paysans et les feudataires ou seigneurs.

Les deux tiers des villages appartiennent aux mameluks, pour les frais d'administration. Le miri, proprement dit, qui est une imposition assez modique, était censé destiné à la Porte.

Les revenus de la République consistent en cinq articles :

1. Douanes.
2. Divers droits affermés.
3. Miri, droit de Kaschefs et autres.
4. Le cens ou droit seigneurial, sur les deux tiers de l'Egypte, dont le haut domaine lui appartient; les douanes de Souëz, Gnosseyr, Boulacq, Alexandrie, Damiette et Rosette rendaient quatre à cinq millions.
5. Le miri, les droits de kaschefs et les cens seigneuriaux se montent à quinze millions.

Les avanies, à deux millions. Un des plus grands revenus des mameluks, c'étaient les avanies.

L'Egypte peut donc rendre, tout évalué, vingt-quatre millions à la République. En temps de paix, elle peut en rendre jusqu'à trente. D'ici à vingt-cinq ans, l'Egypte peut rendre cinquante millions. Je ne comprends pas dans cette évaluation l'espérance qu'il y a à avoir du commerce des Indes. Mais, pendant la guerre, la suspension de tout commerce rend le pays pauvre, et tout s'en ressent.

Depuis notre arrivée, en messidor, jusqu'en messidor, c'est-à-dire pendant douze mois, l'on avait retiré de l'Egypte :

francs 500,000 des contributions d'Alexandrie.
150,000 de Rosette.
150,000 de Damiette.
500,000 les Cophtes du Caire.
500,000 les Damascains.
1,000,000 les marchands de café turcs.
500,000 divers marchands.
500,000 les femmes des mameluks.
300,000 la monnaie.
8,500,000 impositions territoriales ou de métiers ou de douanes.

Ce qui fait douze millions cent mille francs.

Il était encore dû par les villages des sommes assez considérables que les officiers militaires empêchèrent de retirer.

Ces notes, comme on a pu en juger, sont très instructives. Elles complètent notre historique de l'expédition d'Egypte. Elles prouvent une fois de plus que Gambetta montrait une raison supérieure de vouloir en disputer la domination à l'Angleterre.

Cette admirable contrée constitue, en effet, pour la France, comme le complément nécessaire de l'Algérie et de Tunisie. De plus, elle assure la route la plus directe de l'Indo-Chine, grâce au Canal de Suez, rêvé par Napoléon, entrepris et exécuté par le génie persévérant de Ferdinand de Lesseps. Elle nous est indispensable pour nous établir au vingtième siècle dans toute la partie orientale de l'Afrique, la plus apte à offrir un champ sans limite à notre activité commerciale et industrielle, au delà des mers céruléennes, dans ce mystérieux Continent noir.

CHAPITRE CINQUIÈME

NOTICES HISTORIQUES SUR LES SAVANTS, LES DÉCOUVERTES SCIENTIFIQUES, LES FONDATIONS, LES APPLICATIONS INDUSTRIELLES QUI ONT ILLUSTRÉ LA FRANCE DE 1769 A 1821.

En 1794, à la fin de la Terreur rouge, on voit tout renaître à la vie. Le grand mouvement scientifique qui animera la dernière année de la Convention nationale, l'époque du Directoire, le Consulat de Bonaparte, le règne de Napoléon, prend naissance et se développe. L'Ecole normale, l'Ecole polytechnique, l'Ecole des salpêtres, l'Ecole de médecine, le Muséum d'histoire naturelle, le Conservatoire d'arts et métiers, l'Institut de France, la Légion d'honneur, les travaux et les embellissements de Paris, emplissent et éclairent le monde. Tous ceux qui arrivent dans ces temps exceptionnels sont des furieux de lumière, des enragés de travail. Les Bichat, les Biot, les Cuvier, les Dupuytren, Lagrange, Lamarck, Geoffroy Saint-Hilaire, Monge, Berthollet, Larrey, Fourcroy, Lakanal, Vicq d'Azyr, tous — vieux et jeunes — et Napoléon Bonaparte, le premier, — tous sans distinction, s'exaltent à la besogne.

I

Le moment est solennel. La physique expérimentale donne naissance à l'électricité dynamique. La révolution chimique s'établit, va pénétrer dans la médecine, l'industrie et transformer les procédés des usines. On répète avec Lavoisier : « Rien ne périt. Tout change. » La mort n'est plus considérée comme un effondrement définitif. Elle devient une des phases alternes du cercle éternel de l'existence, une des opérations de l'encyclopédique chimie. Lamarck fonde la science des forces organiques. L'évolution naturelle des êtres vivants complète tous les autres progrès. La parenté du monde, du ver à l'homme, est démontrée, et la fraternité universelle découle de la fraternité scientifique des faits.

La vapeur est en train de bouleverser les usines, la mécanique de reconstituer les manufactures et de rendre la liberté aux bras de l'homme. L'agronomie nouvelle s'occupe de ressusciter la fécondité des champs, de créer l'élève du bétail, d'établir les cultures industrielles. Elle permettra à Napoléon de répondre à Georges III, roi d'Angleterre, en 1805 : « Des finances, fondées sur une bonne agriculture, ne se détruisent jamais. »

La vie s'élance, s'affirme, s'étend, envahit tout et donne un irrésistible élan aux sciences pures et appliquées.

Au milieu des soucis de la politique, de l'administration, même des luttes des partis, nous voyons les personnages à la tête du pouvoir, conserver sans cesse la préoccupation du progrès matériel et intellectuel. Cependant il faut observer que durant toute la période révolutionnaire comme sous le premier Empire, la littérature fut sans couleur, timide, et les beaux-arts restèrent sans caractère original. Seule, la science a été abondante en grandes découvertes, productive en inventions, marquée en hommes vraiment grands. Les savants que Bonaparte eut à l'Institut comme collègues s'appelaient Laplace, Darcet, Haüy, Prony, Delambre, Lalande, Jussieu, Guyton-Morveau, Méchain, Daubenton, Vauquelin, Lacépède, Borda, etc. La plupart de ces laborieux ont eu du génie et ils ont laissé des traces lumineuses et profondes dans les conquêtes de l'humanité. Il n'en est pas de même dans les autres branches des travaux de l'esprit, car elles ont compté des représentants moins retentissants. Il était réservé à nos temps contemporains de posséder également de très grands poètes et de très grands savants. Le XIXe siècle aura, en effet, dans l'histoire, le caractère particulier d'avoir affirmé la matière sans nier l'esprit, et comme on l'a si bien dit, d'avoir attelé de front à la civilisation, les machines et la poésie.

Nous avons adopté la forme biographique et historique avec l'ordre alphabétique, pour décrire cette belle floraison scientifique qui de 1769 à 1821 a immortalisé le sol de la nation française. Nous avons pris comme point de départ l'année de la naissance de Napoléon, et nous avons englobé tous les faits se rapportant à notre sujet, jusqu'à l'année 1821 qui voit expirer le 5 mai à Sainte-Hélène cet homme presque surhumain. C'est une période de plus cinquante ans qui s'écoule, un demi-siècle plein qui se détache en couleurs éclatantes sur le roulement des âges. D'ailleurs l'année initiale 1769, est curieuse à plus d'un titre. Elle voit naître pêle-mêle : Napoléon,

Cuvier, Châteaubriand, Alexandre de Humboldt, Méhémet-Ali, Wellington, Lannes, Marceau, Soult, Walter Scott, Ney, Mouton-Duvernet, Tallien, le comte de Lavalette, directeur général des Postes en 1815, le géomètre Hachette, Philippe Lebon, l'inventeur du gaz à éclairage, Bourrienne, l'historien de Norvins, les poètes Chênedollé et Esménard. Elle voit apparaître la découverte de James Watt : la vapeur domptée devient cette année-là un moteur universel. Arkwright crée la machine à filer. Il n'y a presque pas de décès illustres ; on cite seulement les morts du Pape Clément XIII et de l'auteur dramatique Poinsinet de Sivry. On naît. Il y a des époques comme cela aux approches des grands événements. En 1769 les Russes prennent Azow et Choczim ainsi que Bender. L'élection du Pape Clément XIV a lieu. C'est donc un millésime à retenir. Les années 1769 et 1821 renferment non seulement les événements politiques militaires et sociaux les plus extraordinaires ; mais elles contiennent encore tout un cycle de travaux utiles, paisibles et merveilleux.

II

Adanson (Michel). — Né en 1727 à Aix en Provence, mort à Paris en 1806, il fut pris de bonne heure d'un goût très vif pour les sciences naturelles. Il entreprit à ses frais un voyage au Sénégal qui dura cinq ans au milieu des plus grands dangers. Membre de l'Académie des Sciences en 1759, il avait conçu le plan d'un travail gigantesque consacré à la description méthodique de tous les êtres connus suivant leur série naturelle indiquée par l'ensemble de leurs rapports. La Révolution vint le troubler au milieu de ses travaux et le jeta dans la plus grande misère. Quand l'Académie des sciences fut reconstituée dans le cadre de l'Institut, et qu'il fut invité à venir reprendre sa place, il répondit qu'il n'avait plus même de souliers. Sur la demande de Bonaparte, le Directoire lui accorda une pension et mit sa vieillesse à l'abri du besoin. On peut considérer Adanson, comme le promoteur de la méthode naturelle qu'Antoine Laurent de Jussieu devait développer et appliquer avec tant d'éclat.

Aérostation militaire. — C'est à la Révolution française que revient l'honneur d'avoir songé à utiliser les aérostats au point de vue de la défense nationale. Le Comité de salut public sur l'avis d'une commission d'examen présidée par Monge et parmi les membres de laquelle figuraient Berthollet, Fourcroy, Guyton-Morveau, décida que les aérostats seraient employés aux armées comme moyen d'observation. L'aéronaute Coutelle fut chargé de mettre le projet à exécution. Il reçut le brevet de capitaine des aérostiers militaires avec l'ordre d'organiser une compagnie. Les premières expériences furent faites dans le parc de Meudon. Elles réussirent, et le corps des aérostiers reçut l'ordre de se rendre avec ses appareils à l'armée de Sambre-et-Meuse. Il figura successivement à la défense de Maubeuge, à l'attaque de Charleroi, à la bataille de Fleurus, au siège de Mayence. Une deuxième compagnie fut formée, sur les ordres de Bonaparte, à l'époque de l'Expédition d'Egypte; mais elle ne put être employée, les Anglais s'étant emparés du navire qui portait son matériel. A la fin du Consulat, l'usage de l'aérostat militaire fut abandonné et ne fut repris depuis qu'en 1870 pendant le siège de Paris, où les ballons qui jouèrent un grand rôle, furent plutôt employés comme véhicules postaux que comme moyens d'observations. Cependant une Ecole d'aérostiers militaires a été rétablie à grands frais à Chalais dans le parc de Meudon par la troisième République et en 1888 on a créé des navires portant des ballons captifs destinés à l'observation maritime.

Ampère (*André-Marie*). — Né à Lyon le 22 janvier 1775, mort à Paris en 1836. Après avoir enseigné la physique à Bourg où il écrivit ses *Considérations sur la théorie mathématique du jeu*, il fut nommé professeur au Collège de Lyon, puis répétiteur et professeur à l'Ecole Polytechnique. Membre consultatif des arts et métiers en 1806, inspecteur général de l'Université en 1808, membre de l'Institut en 1814, puis de toutes les sociétés savantes de l'Europe. Ampère n'était heureux que dans son modeste laboratoire de la rue des Fossés Saint-Victor n° 19 (aujourd'hui disparue à la suite du percement de la rue Monge). C'est de là qu'est sortie une des plus fécondes découvertes de la science moderne, celle de l'électricité dynamique qui repose sur l'invention de l'électro-aimant et qui du même coup a créé la télégraphie électrique et est devenue la source de toutes les merveilles de l'électricité moderne.

Andréossi (*Antoine-François*), général, diplomate et savant, né à Castelnaudary en 1761, mort en 1828. Associé à l'expédition d'Egypte, il fut nommé membre de l'Institut du Caire, contribua aux beaux travaux de la commission scientifique. On lui doit des ouvrages importants sur l'hydraulique, l'hydrostatique, la distribution des conduites des eaux en Turquie, l'irruption du Pont-Euxin dans la Méditerranée et la dépression de la surface du globe.

Annales de chimie. — Les *Annales de chimie* ont été fondées en 1789 par Lavoisier, Guyton de Morveau, Fourcroy. Deux fois interrompue, cette publication se continue aujourd'hui. Elle contient la plupart des mémoires originaux sur toutes les grandes découvertes théoriques et les applications pratiques de la chimie nouvelle.

Arago (Dominique-François), le grand Arago. — Né à Estagel (Pyrénées-Orientales) le 26 février 1786, mort à Paris le 2 octobre 1853. Les débuts d'Arago dans les sciences furent prompts et remarquables. Fils d'un caissier de la Monnaie. à Perpignan, nous le voyons à dix-sept ans admis à l'Ecole Polytechnique et à vingt-trois ans élu membre de l'Institut. Il faut dire que son bagage scientifique était déjà important en 1809. A cette époque, en effet, il avait achevé la mesure de l'arc du méridien terrestre, au milieu de difficultés sans nombre et de mille dangers qu'il a racontés dans l'histoire de sa jeunesse. A l'Ecole Polytechnique, il avait commencé par faire de l'opposition à Bonaparte, entraîné, déjà par le grand sentiment républicain qui l'a animé durant toute sa vie. Il y fut le premier élève qui donna un vote négatif pour le Consulat à vie. Malgré cette attitude hostile. en 1806, il fut recommandé par Monge à l'Empereur qui l'adjoignit à Biot qui était chargé avec deux commissaires espagnols, de mener à bien l'opération géodésique qui devait être un titre de gloire pour Arago et pour la France. Napoléon ne lui avait pas gardé rancune et il le nomma professeur d'analyse algébrique à la grande Ecole dont il était sorti avec les titres les plus brillants et il lui conserva toujours une grande estime. C'est ainsi, qu'après le désastre de Waterloo, lorsqu'il eut pendant un instant l'idée de se réfugier aux Etats-Unis pour y finir ses jours paisiblement dans l'étude des sciences, il eut la pensée de choisir Arago pour compagnon d'exil et de travail. Napoléon avait su deviner le puissant esprit de vulgarisation dont Arago était doué plutôt que d'un vaste génie créateur. Cet illustre savant a fait un assez grand nombre de découvertes utiles et ingénieuses; mais elles n'auraient pas suffi à établir profondément la popularité rare et persistante attachée à son nom, sans le remarquable talent de parole et d'écrivain qu'il mit à exposer la science. On peut s'en convaincre en lisant ses œuvres qui ont été réunies en 16 volumes, après sa mort et sur ses ordres par J. A. Barral qui avait été choisi par lui comme exécuteur scientifique.

Argand. — Nous devons ici une place à Argand, physicien et chimiste né à Genève et mort à Paris en 1703, parce qu'il est le véritable inventeur de la première lampe à courant d'air, à cheminée de verre et à mèche en forme de cylindre creux auquel le pharmacien Quinquet a laissé son nom pour divers menus perfectionnements qu'il y a apportés après 1789. Le Directoire et Bonaparte surtout dans ses campagnes d'Italie firent beaucoup pour propager les lampes d'Argand qui devinrent d'un usage général dans les maisons et à l'aide desquelles le vainqueur d'Arcole et de Rivoli dictait ses dépêches pendant ses nuits de travail sous les tentes militaires. Carcel a perfectionné la lampe d'Argand et de Quinquet en y appliquant un système de rouage destiné à faire monter l'huile mécaniquement et à supprimer le réservoir supérieur.

Astier. — Né à Montdauphin en 1771, mort à Toulouse en 1836. Pharmacien principal de la Grande

Armée, après les guerres de l'Empire il fut nommé pharmacien en chef de l'hôpital militaire de Toulouse. Au moment du blocus continental, en 1806, il s'occupa activement des moyens de remplacer le sucre des colonies par un sucre indigène et fut chargé par le ministre de la guerre de diriger en Italie la fabrication en grand du sirop de raisin pour les hôpitaux et les ambulances militaires. On attribue à Astier l'idée d'avoir appliqué le sublimé corrosif à la conservation des bois de construction. Il est un des premiers des chimistes qui ont entrevu le rôle si important de la fermentation alcoolique et son rapport sur des expériences faites, en 1812, sur le sirop et le sucre de raisin contient à ce sujet des vues vraiment remarquables.

Baltard (Louis-Pierre). — Architecte, graveur, peintre et littérateur, né à Paris en 1765, mort le 22 janvier 1846. Envoyé à l'armée en qualité d'adjoint au Génie militaire, il se distingua par plusieurs projets de fortifications que Carnot approuva. Rentré dans la vie civile, il accepta la place de professeur d'architecture à l'Ecole Polytechnique; mais il l'occupa peu de temps et s'adonna à l'art de la gravure. En 1802, il grava vingt-sept planches pour le *Voyage dans la Haute et Basse Egypte* de Vivant Denon. En 1803, il dessina et grava au burin un grand nombre de vues d'après nature pour *Paris et ses Monuments* d'Amaury Duval. Cet ouvrage fut suivi de *Ecouen, Saint-Cloud, Fontainebleau.* En 1806, il publia sous le titre de *Voyage pittoresque dans les Alpes* un recueil de quarante vues des monuments de Rome. En 1810, il grava d'après la colonne de la grande armée cent-quarante-cinq eaux-fortes qui pour la pureté du dessin et l'habileté de l'exécution sont considérées comme son chef-d'œuvre. Nommé architecte du Panthéon, des tribunaux, des mairies, des prisons, des marchés, il construisit les chapelles de Saint-Lazare et de Sainte-Pélagie, la prison de Perrache et le palais de justice de Lyon. Sous le titre d'*Architectonographie* des prisons, il a mis en regard les divers systèmes de prisons en usage chez les anciens et les modernes. Louis-Pierre Baltard est le père de Victor Baltard, le créateur des Halles centrales de Paris, l'architecte officiel du second Empire.

Banque de France. — La Banque de France, puissant instrument financier scientifiquement combiné pour aider l'industrie naissante date de l'année 1800. C'est une création de Napoléon. Elle fut d'abord constituée au capital de trente millions divisé en trente mille actions de mille francs chacune. Au bout de sept mois, on n'avait pu placer que sept mille quatre cent quarante-sept actions réparties entre trois cent soixante et un actionnaires. Dans le premier rapport composé sur sa situation, il est dit qu'elle était alors beaucoup plus riche en confiance qu'en capitaux. Une loi promulguée le 14 avril 1803 lui conféra pour quinze ans le privilège exclusif d'émettre des billets à vue et au porteur. En 1806, elle éleva son capital à quatre-vingt-dix millions. Depuis cette époque, elle n'a cessé de grandir pour devenir et rester l'institution de crédit la plus solide du monde entier. C'est au conseiller d'Etat Cretet que l'on doit reporter l'honneur d'avoir élaboré les règlements sur lesquels la Banque de France a été créée.

Barbié du Bocage (Jean-Denis). — Géographe très distingué, né à Paris en 1760, mort en 1825. Il est l'auteur du célèbre atlas du *Voyage du jeune Anacharsis*. En 1792, il fut nommé Conservateur des collections de cartes géographiques de la Bibliothèque Nationale. Il sut préserver toutes nos richesses des tourmentes révolutionnaires. En 1809, il fut nommé professeur à la Sorbonne par Napoléon. Quelques années plus tard, il eut la pensée de fonder la Société de géographie de Paris, dont il fut un des premiers présidents et qui a atteint un grand degré de prospérité de nos jours. Il fut membre de l'Institut à sa création et devint chef de la géographie au ministère des affaires étrangères dans les premières années du Consulat. C'est lui qui a fait toutes les cartes dont l'Empereur avait besoin pour ses campagnes. Il les exécutait sur une grande échelle et avait su aussi en améliorer la fabrication matérielle, ce qui fait que Napoléon les étalait à terre sans crainte, montait dessus sans danger de les détériorer avec ses bottes et ses éperons et ses aides de camp agissaient de même. N'oublions pas de noter qu'une grande partie du succès des guerres de la première République et du premier Empire est dû sans conteste aux notions géographiques, possédées par les généraux de cette époque. Jean Denis Barbié du Bocage a fait souche d'une dynastie qui a continué à cultiver les sciences avec éclat.

Barbier (*Antoine-Alexandre*). — Né à Coulommiers en 1765, mort à Paris en 1825. Il fut choisi à sa sortie de l'Ecole Normale pour faire partie de la Commission temporaire des arts adjoints au Comité d'instruction publique de la Convention Nationale (section de bibliographie). Il s'y fit remarquer par son ardeur au travail et son jugement remarquable. Il a rendu des services inappréciables en sauvant de la destruction et en plaçant dans les principales Bibliothèques qu'il avait sous sa surveillance, les richesses littéraires entassées dans les dépôts Il devint successivement Bibliothécaire en chef du Directoire, du Conseil d'Etat, de Napoléon et il fut appelé à former les Bibliothèques du Louvre, de Fontainebleau, de Compiègne. Napoléon l'avait en haute estime et quand il désirait un renseignement littéraire ou scientifique, toujours il le demandait à Barbier. Et c'était par lui qu'il se faisait tenir au courant du mouvement intellectuel, pendant ses campagnes. En 1808 et en 1809, il rédigea sur la demande de l'Empereur un projet de Catalogue de Bibliothèque portative et un rapport pour l'impressiom d'une collection historique de trois mille volumes. Le lecteur trouvera à la page 45 ce précieux document communiqué par son fils M. Louis Barbier, né en 1799, qui lui a succédé à la Bibliothèque du Louvre en continuant ses précieuses traditions.

Barthez (*Jean-Paul*). — Célèbre médecin né à Montpellier le 11 décembre 1734, mort à Paris le 15 octobre 1806, fondateur du vitalisme. Barthez s'efforça d'établir que les forces ou propriétés vitales particulières ne sont pas des éléments, des facteurs de la vie commune, mais des expressions diverses, des modes, des effets d'un principe unique auquel il a donné le nom de principe vital. Dans son système la vie est conçue comme dérivant d'une force simple et unique, qui crée, conserve, ordonne les organes et les fonctions, et non de l'ensemble, de la synthèse des fonctions et des propriétés vitales. Barthez a créé un grand système théorique, mais il n'a pas agrandi le domaine de la biologie positive. C'était un esprit très distingué, un remueur d'idées, et il a laissé une œuvre très remarquable : *Les nouveaux éléments de la science de l'homme.* Nous lui faisons une place ici, bien qu'il appartienne plutôt à l'ancien régime, qu'à proprement parler à la période napoléonienne, parce que le premier consul répara une injustice commise à son égard. Lorsque les universités furent dissoutes, et que l'on substitua les écoles de santé aux anciennes facultés de médecine (frimaire an III), Barthez ne fut point compris sur la liste des professeurs, qui devaient composer l'École de Montpellier. Au commencement de l'année 1802 le premier consul créa deux places de médecins du gouvernement auxquelles il attacha 6,000 fr. d'honoraires. Il en donna une à Corvisart et l'autre à Barthez.

Bateau à vapeur. — Nous devons laver la mémoire de Napoléon du reproche qu'on lui a fait d'avoir traité d'*idée folle*, d'*erreur grossière*, d'*absurdité* la navigation à vapeur. Quand Fulton vint à Paris, en 1803, expérimenter sur la Seine son premier bateau, l'essai ne réussit pas. Une première fois le bateau se rompit et la machine s'abîma dans la Seine. On la repêcha et on la plaça sur un bâtiment construit avec plus de soin. Ce nouveau bateau qui était long de 33 mètres et large de 2 mètres 50, navigua en présence de membres de l'Institut dont Carnot faisait partie et de beaucoup de curieux. Fulton aidé de trois personnes mit en mouvement à l'aide d'une pompe à feu son bateau qui avait des roues énormes, armées de volants semblables à des roues plates. L'expérience parut médiocre, au point de vue de la perfection du mécanisme. L'invention de Fulton était trop imparfaite pour qu'on pût en faire des applications immédiates de quelque étendue. De plus l'art de construire des machines à vapeur n'existait pas encore en France. Ensuite Fulton déclara lui-même qu'il ne croyait pas que les bateaux à vapeur fussent en état de s'aventurer sur les mers. Ni l'Institut, ni le premier consul, ni Carnot n'eurent donc à produire un jugement sur l'avenir de la navigation à vapeur, et il faut attendre plus de quinze années pour la voir se développer en Amérique, puis en Europe. Il est vrai que Bonaparte avait une médiocre idée de Fulton qui avait fait de longs, infructueux et coûteux essais sur les machines explosives sous-marines, poursuivis aux frais du gouvernement français. Il avait laissé dans son esprit une impression fâcheuse et il ne voyait en lui qu'un intrigant vivant aux dépens des finances nationales. Il le traita d'imposteur, n'ayant pour but que d'attraper de l'argent français. « Cet Américain est un charlatan, ne m'en parlez pas, » dit-il. Mais il ne porta pas le jugement ridicule qu'on a voulu lui prêter sur la valeur des applications de la vapeur à la navigation dont le marquis de Jouffroy et d'autres avaient démontré la possibilité bien antérieurement à Fulton. Nous ne voulons pas enlever quoi que ce soit à Fulton qui a eu la gloire de rendre pratique cette admirable invention : mais la justice veut aussi qu'on décharge la mémoire de Napoléon d'une désapprobation indigne de son bon sens scientifique et contraire à la vérité.

Baudelocque.— Célèbre accoucheur né en 1746, mort à Paris à la fin de 1810, à la veille de mettre au monde le Roi de Rome, car Napoléon l'avait choisi pour assister Marie-Louise dans ses couches. Il a donné un grand élan à l'art obstétrical et fait porter ses principaux travaux sur les hémorragies utérines cachées, les amputations de la matrice et l'opération césarienne qu'il pratiquait avec une incomparable habileté.

Baumé (*Antoine*). — Né à Senlis en 1728, mort à Paris en 1804. C'est un des chimistes qui ont le plus tourné leur esprit aux applications de la chimie. Antoine Baumé est l'auteur d'un grand nombre d'ouvrages utiles et il est l'inventeur d'une foule de procédés qui sont restés dans la pratique. Notons surtout ses recherches pour rendre les thermomètres comparables et les perfectionnements qu'il a fait subir à l'aréomètre qui porte son nom. Le premier, il a établi en France une fabrique de sel ammoniac, et c'est lui qui a indiqué le meilleur moyen de purifier le salpêtre. Il a donné le secret de teindre en écarlate solide les belles tentures des Gobelins et il est l'auteur, avec Macquer (1718-1784), des procédés employés à Sèvres pour élever la fabrication de notre porcelaine au niveau de celle de Chine. N'oublions pas ses études poursuivies en 1797, afin de préparer avec le marron d'Inde une fécule douce et propre à faire du pain. En 1796 il fit partie de l'Institut.

Bayen (*Pierre*). — Né à Châlons-sur-Marne en 1725, mort en 1798. — Chimiste très habile, vint à Paris en 1749 et fut l'élève de Rouelle l'aîné. Il est célèbre par l'analyse des eaux minérales de la France ainsi que de celle de nos principaux minéraux. Il aida puissamment Lavoisier à combattre les doctrines de Stahl sur le phlogistique. Bonaparte allait le faire attacher à l'Expédition d'Egypte pour analyser sur place les eaux du Nil, quand il mourut subitement.

Bayle (*Gaspard-Laurent*). — Né au Vernet, village de Provence, en 1774, mort en 1816. Médecin par quartier de Napoléon, il paraît être le premier qui dans certains cas de maladies du cœur, ait employé l'auscultation immédiate, comme méthode de diagnostic. Il ne sut pas en tirer tout le parti qui a fait la gloire de Laënnec, le fondateur de la séméiologie stéthoscopique. Bayle fut un des plus habiles praticiens de la capitale. Il a laissé des ouvrages importants sur la nosologie, la thérapeutique et la phtisie qu'il a divisée en six espèces, établies sur les lésions et non sur les symptômes : tuberculeuse, granuleuse, ulcéreuse, calculeuse, cancéreuse et avec mélanose.

Beauchamps (Joseph). — Astronome né à Vesoul en 1752, mort à Nice en 1801. Il entra en 1767 dans l'ordre des Bernardins, devint l'ami de Lalande, et partit pour l'Orient en 1781 pour s'y livrer à son goût pour l'astronomie, la géographie et l'antiquité. Il est l'auteur d'une carte du cours du Tigre et de l'Euphrate. Le premier il a déterminé exactement la situation de la mer Caspienne. En 1798, il fut appelé par Bonaparte en Egypte. Il venait d'être nommé commissaire des relations commerciales à Lisbonne, par le premier Consul, quand il mourut subitement.

Beautemps-Beaupré (Charles-François). — Né à Neuville-le-Pont en 1766, mort en 1854, ingénieur hydrographe, le *père de l'hydrographie*. Il fut chargé en 1791 d'accompagner le contre-amiral d'Entrecastaux, envoyé à la recherche de la Pérouse. Pendant cette expédition, il leva avec une exactitude admirable le plan des terres qu'il visita et dressa des cartes auxquelles l'Angleterre est redevable de la découverte de la terre de Diemen. De retour à Paris en 1796, il fut chargé de tous les grands travaux hydrographiques qui se firent à cette époque et pendant le premier Empire. C'est lui qui leva le plan du cours de l'Escaut, sur l'ordre de Napoléon, de la Côte Orientale de l'Adriatique, des côtes maritimes de France, des côtes septentrionales de la mer d'Allemagne.

Béclard (*Pierre-Augustin*). — Né à Angers en 1785, mort à Paris en 1825. — Anatomiste et chirurgien très habile, il s'était fait remarquer de bonne heure par ses brillantes qualités intellectuelles. De nombreux concours firent éclater sa supériorité et c'est vraiment à force de talents variés et tout à fait supérieurs qu'il parvint rapidement au premier rang, car il était très pauvre et fils de petits commerçants angevins. Mais il ne fut pas longtemps professeur d'anatomie à la Faculté de médecine, et membre de l'Académie, car à peine âgé de quarante ans, il fut enlevé par une affection cérébrale. Béclard appartient à cette forte école médicale formée sous le règne de Napoléon, sous l'influence des Corvisart, Bichat, Larrey, Antoine Dubois, etc. Il a attaché son nom à plusieurs procédés opératoires concernant l'amputation de la hanche, la désarticulation des os du métatarse. Il a fait le premier l'extirpation complète de la glande parotide. — Il est le père du physiologiste Jules Béclard né en 1818 qui est mort en 1886 doyen de la Faculté de médecine de Paris.

Bégin (*Louis-Jacques*). — Né à Liège en 1793, mort à Paris en 1859. Célèbre chirurgien militaire; organisateur de l'arsenal chirurgical de l'armée, œuvre si complète et si régulière qu'elle a servi de modèle à la plupart des nations de l'Europe. Il commença ses études à l'hôpital militaire d'instruction de Metz, et entra au service en qualité de chirurgien sous-aide le 6 mars 1812. Après avoir fait les campagnes de Russie, d'Allemagne et de France, Bégin se voua à l'enseignement médical en 1815, fut nommé à l'hôpital de Strasbourg, puis au Val-de-Grâce où il a rendu les plus signalés services.

Bérard (*Jean-Balthasar*). — Né à la Villeneuve

(Hautes-Alpes) en 1763, mort à Paris 1843. Il a beaucoup contribué aux progrès des sciences mathématiques par la publication de ses *Mélanges physico-mathématiques* (Paris 1801). Sa *Théorie de l'équilibre des voûtes* parue en 1810 est devenue classique.

Bérard (*Auguste-Simon-Louis*), homme politique, administrateur et industriel, né à Paris en 1783, mort en 1859. Il entra à l'Ecole Polytechnique, fut nommé en 1810, auditeur au Conseil d'Etat, maître des requêtes en 1814, et se signala par ses idées indépendantes et libérales, par les intérêts qu'il prit au développement de l'industrie. Il s'occupa de grandes entreprises, fonda avec le fils de Chaptal, la première compagnie d'éclairage au gaz, dirigea les travaux du Canal Saint-Martin, fonda une maison de banque destinée à concourir à l'exécution de grands travaux publics, créa le vaste établissement des forges d'Alais et en Touraine une importante filature de chanvre et de lin.

Bérard (*Joseph Frédéric*). — Médecin philosophe né à Montpellier le 8 novembre 1789, mort le 16 avril 1828. Adepte des doctrines spiritualistes et vitalistes, il combattit pendant toute sa vie le matérialisme et l'organicisme de l'Ecole de médecine de Paris. Sa thèse de doctorat est un livre de valeur. Sous le titre de *Plan d'une médecine naturelle*, ou *la nature considérée comme médecine et le médecin considéré comme imitateur de la nature*, Frédéric Bérard s'y montra naturiste, non pas absolu, mais relatif. Il croit à la prévoyance du principe de vie aidé par la clairvoyance et la science humaines. Il caractérise les maladies par des mouvements spontanés qu'il appelle crises et qu'il décrit suivant l'ordre anatomique et une classification raisonnée. Sur cette étude positive des crises, sur ce naturisme expérimental, Frédéric Bérard a fondé une nosologie et une thérapeutique spéciales.

Bernardin de Saint-Pierre (*Jacques-Henri*). — Né au Havre en 1737, mort à Eragny-sur-Oise le 21 janvier 1814. Nous devons retenir ce grand nom littéraire ici parmi ceux des hommes qui ont rendu des services aux sciences parce que Bernardin fut nommé en 1792 Intendant du Jardin des Plantes et que sa courte administration fut marquée par un résultat brillant : la création de la Ménagerie au moyen du transport de celle de Versailles à Paris. Dans les *Etudes de la Nature*, il afficha des prétentions scientifiques qui furent traitées comme des paradoxes par les savants de l'époque. Bernardin était fort choqué du dédain qu'on lui montrait à cet égard. Il s'en plaignit même un jour à Bonaparte qui lui dit : « Savez-vous le calcul différentiel ? — Non. — Eh bien ! allez l'apprendre et vous vous réfuterez vous-même. » Cela n'empêcha pas Bonaparte de le protéger sans cesse, de le renter et de lui écrire plus tard : « Quand donc nous donnerez-vous des *Paul et Virginie* et des *Chaumière Indienne*, Monsieur Bernardin ? Vous devriez nous en fournir tous les six mois. » En parlant ainsi, Bonaparte oubliait que les chefs-d'œuvre littéraires ne s'improvisent pas plus au reste que les grandes découvertes scientifiques.

Berthollet (*Claude-Louis, comte*). — Chimiste né à Tailloire près d'Annecy (Savoie), le 9 décembre 1748, mort à Arcueil près Paris le 6 novembre 1822. Inventeur du blanchiment des toiles et des fils par l'acide chlorhydrique oxygéné (Eau de Berthollet) 1789. — Auteur des *Eléments de l'art de la teinture* 2 vol. 1791) de l'*Essai de statique chimique* (1803), *des Affinités chimiques* (1804). Berthollet commença par soutenir en chimie la doctrine du phlogistique de Stahl, malgré Lavoisier qui opérait une véritable révolution dans la science, en démontrant que la combustion n'était pas un phénomène dû au dégagement du phlogistique, mais bien le résultat de la combinaison d'un principe comburant avec le corps combustible. En 1785, à l'Académie des sciences, il fit une abjuration solennelle de son œuvre et adhéra à la doctrine de Lavoisier. C'était la preuve d'un grand esprit critique, aussi modeste que profond. Membre de l'Institut national, de l'Institut d'Egypte, il fonda avec Laplace la *Société d'Arcueil* du nom du village où il s'était retiré, près de Paris.

Berthollet (*Amédée*). — Fils du précédent. Associé d'abord aux travaux scientifiques de son père, il voulut établir ensuite une grande exploitation industrielle du carbonate de soude, par le procédé indiqué par Berthollet. Mais d'autres plus habiles le devancèrent. Ruiné et voyant qu'il entraînait son père dans sa chute, il s'asphyxia par le charbon en 1811 à Marseille. Voulant par sa mort servir la science, il eut le courage de noter jusqu'au dernier moment ses impressions.

Berthoud (*Ferdinand*). — Célèbre horloger, né à Plancemont, près de Neufchâtel (Suisse) en 1727. Mécanicien de naissance comme Vaucanson, il fut encouragé par son père dans ses aptitudes naturelles. Après avoir acquis les premiers éléments de son art auprès d'un ouvrier habile, il vint à Paris, en 1745, pour se perfectionner. Il est l'inventeur des premières horloges marines et des montres à longitudes qui rendirent tant de services pendant l'expédition d'Egypte. Membre de l'Institut, à sa création, puis nommé horloger mécanicien de la marine, il était très estimé de Napoléon. Il mourut peu à près l'année 1802 à peine venait-il de publier son *Histoire de la mesure du temps pour les horloges*, en deux volumes in-4° avec 23 planches, en laissant sa succession et le soin de ses traditions à son neveu Louis Berthoud. Celui-ci se distingua aussi comme horloger et inventa les châssis de compensation. Il publia en 1812 ses *Entretiens sur l'horlogerie à l'usage de la marine* et mourut en 1813.

Bessières (*Julien*). — Né à Gramat en 1777, mort à Paris en 1840. Il prit part en qualité de savant, à l'Expédition d'Egypte. Nommé directeur des droits réunis dans les Hautes-Alpes, envoyé en mission près d'Ali-Pacha en 1804, puis successivement chargé des fonctions de consul général à Venise (1805), commissaire général à Corfou (1807), intendant de l'armée et des Provinces du nord en Espagne, préfet du Gers, de l'Aveyron, de l'Ariége, dans toutes ces fonctions administratives il introduit les règles scientifiques et l'exactitude inspirées par Napoléon dans tous les ressorts du gouvernement.

Bichat (*Marie-Francois-Xavier*). — Né à Thoirette-en-Bresse le 11 novembre 1771, mort à Paris le 22 juillet 1802. Anatomiste de génie, créateur de l'analyse histologique de l'organisme, de la théorie des propriétés vitales, de la distinction des deux vies, organique et animale. Opérateur de premier ordre, on peut l'appeler le fondateur de l'anatomie générale. Elève du célèbre Dessault, mort en 1795, il avait commencé par l'anatomie descriptive et la chirurgie. Il arriva rapidement à embrasser l'ensemble des sciences médicales. En peu de temps, le biologiste se montra, et égala au moins l'opérateur. Après la publication de son œuvre magistrale *La vie et la Mort* (1800), Bichat fut nommé médecin de l'Hôtel-Dieu. Il ouvrit plus de six cents cadavres en un seul hiver pour expérimenter des médicaments, et pour étudier leur action sur les tissus. Tant de recherches dangereuses altérèrent sa santé. Il travaillait dans son amphithéâtre le 2 juillet 1802, et s'absorbait dans l'examen de la putréfaction de la peau. Il fut pris d'une syncope, d'une fièvre typhoïde et mourut en quatorze jours, malgré les soins de Corvisart, le médecin et l'ami du premier Consul. Sa mort fut le signe d'un deuil général dans la science. Hallé prononça son éloge en présence de la Faculté de médecine rassemblée et Corvisart écrivit à Bonaparte : « Bichat vient de mourir sur un champ de bataille qui compte aussi plus d'une victime ; personne en aussi peu de temps n'a fait autant de choses et aussi bien. »

Le premier Consul répondit en ordonnant l'érection d'une statue à Bichat à l'Hôtel-Dieu même.

Bigot de Préameneu (*Félix-Julien-Jean*).— Jurisconsulte né à Rennes en 1747, mort en 1825. Nommé président de la section de législation au Conseil d'État, il fut avec Portalis, Tronchet et Malleville, membre de la commission qui rédigea le Code civil.

Biot (*Jean-Baptiste*). — Né à Paris en 1774, mort en 1862. Astronome, mathématicien, physicien, chimiste. Après avoir fait de brillantes études au Lycée Louis le-Grand, il servit quelque temps dans l'artillerie, puis entra en 1794 à l'École polytechnique, occupa une chaire à l'École centrale de Beauvais, fut nommé professeur au collège de France en 1800, et fut admis peu à près à l'Académie des sciences. En 1804, il entra à l'Observatoire de Paris et fit partie du

Bureau des longitudes. Il s'associa alors aux recherches d'Arago sur les pouvoirs refringents des gaz, ainsi qu'aux travaux de Gay-Lussac, qu'il accompagna dans sa première ascension aérostatique. En 1806, il partit pour l'Espagne avec Arago, pour continuer l'opération de la triangulation de la méridienne terrestre, commencée par Méchain. Son *Traité analytique des courbes et des surfaces du second degré* date de 1802 et son *Traité élémentaire d'astronomie physique* de 1805. Ce sont ses deux ouvrages principaux.

Blainville (*Henry-Marie-Ducrotay de*). — Né à Arques près Dieppe le 12 septembre 1777, mort à Paris le 1er mai 1850. Esprit créateur, après avoir passé quelques années, à l'École militaire de Beaumont, une leçon de Cuvier qu'il entendit par hasard décida de sa vocation. Deux ans après, il était docteur en médecine, devenait un des plus brillants élèves du grand naturaliste qu'il suppléa au collège de France et au Muséum. Nommé au concours, professeur d'anatomie et de zoologie à la Faculté des Sciences de Paris, en 1812, il put en toute liberté combattre les idées de son maître. Le premier il a introduit dans l'analyse de l'organisme la considération des éléments et des produits et caractérisé la science des milieux. Blainville voyait dans le règne animal entier une série continue d'êtres devenant à chaque degré plus animés, plus sensibles, plus intelligents.

Borda (*Jean-Charles*). — Savant mathématicien et marin français, né à Dax en 1733, mort en 1799. Après avoir fourni une carrière extrêmement brillante, à nos campagnes maritimes, il fut employé dans nos ports, ce qui lui permit de publier de savants mémoires sur les sciences mathématiques et mécaniques. Lorsque l'Assemblée constituante, pour créer un nouveau système de poids et de mesures, voulut que des savants déterminassent avec précision la longueur d'un arc du méridien, Borda, Méchain et Delambre furent chargés de cette opération difficile, et ce fut Borda qui dirigea tout spécialement tout ce qui se rattachait aux expériences de physique. Il imagina d'employer les règles de platine pour la mesure des bases ; il inventa les thermomètres métalliques propres à indiquer les plus petites variations de température, créa un appareil ingénieux pour mesurer l'exacte longueur du pendule et toutes ces créations amenèrent de sérieux progrès dans la physique expérimentale et trouvèrent leurs applications dans l'Expédition d'Egypte. Bonaparte tenait Borda en haute estime et s'il eût vécu il l'aurait certainement comblé de ses faveurs, comme il le fit pour Monge, Berthollet et les autres savants.

Boudet (*Jean-Pierre*). — Né à Reims en 1748, mort en 1829. Collaborateur de Berthollet dans l'extraction des salpêtres et la fabrication de la poudre à canon, dont on avait tant besoin en 1793, il fut signalé à Bonaparte, par son dévouement à la défense nationale et par ses connaissances pharmaceutiques. Il fut attaché à la Commission des sciences et des arts de l'Expédition d'Egypte. Il rendit en Afrique les plus grands services, et par son esprit d'organisation il sut réformer l'approvisionnement des pharmacies épuisées des armées de terre et de mer. A son retour, il fut nommé pharmacien en chef de l'Hôpital de la Charité et se signala par ses travaux sur le phosphore et son étude sur l'art de la verrerie en Egypte.

Bougainville (*Louis-Antoine*). — Savant navigateur né à Paris en 1729, mort en 1814. Il exécuta en 1766 une expédition scientifique autour du monde qui a illustré son nom et qui est restée son plus beau titre de gloire. Il revint en 1769 en France, après avoir enrichi la géographie d'un grand nombre de découvertes et publia en 1771 sa relation qui eut un immense succès. La découverte de Taïti surtout et les observations sur ses habitants excitèrent au plus haut point l'intérêt général. En 1790, il reçut le commandement de la flotte de Brest; il entra à l'Institut, au Bureau des Longitudes et fut nommé sénateur, puis comte par Napoléon. Le corps de Bougainville a été inhumé au Panthéon.

Bory (Gabriel). — Né à Paris en 1720, mort en 1801. Officier de marine et savant. Il était célèbre par ses voyages à l'île Madère, à Saint-Domingue, aux Iles sous le vent, par des perfectionnements ajoutés à l'octant à réflexion inventé par Hadley, quand survint la chute de la Bastille. Oublié pendant la tourmente révolutionnaire, Bonaparte le remit en lumière en faisant l'éloge de son *Mémoire sur l'administration de la marine* et des colonies, paru en 1789, et il lui fit ouvrir les portes de l'Institut en 1798.

Bory de Saint-Vincent (Jean-Baptiste-Georges-Marie). — Naturaliste, géographe, voyageur, né à Agen en 1780, mort en 1846. Dès l'année 1800, il fut désigné pour faire partie de l'Expédition du capitaine Baudin. Demeuré à l'île de France pour cause de maladie, il visita un grand nombre d'îles et publia à son retour ses *Essais sur les îles Fortunées* et l'antique Atlantide (1803) et son *Voyage en Afrique* (1804). Ces ouvrages lui valurent le titre de correspondant de l'Institut. Il embrassa ensuite la carrière militaire et servit avec éclat dans les états-majors de Davoust, de Ney et de Soult. Proscrit et fugitif de 1815 à 1820, pour son dévouement à la cause napoléonienne, il n'obtint l'autorisation de rentrer en France, qu'en 1828.

Bosc (*Guillaume*). — Naturaliste et agronome, né à Paris en 1759, mort en 1828. Après la chute de Robespierre dont il avait été l'adversaire, il s'embarqua pour l'Amérique avec le titre de consul, et enrichit à son retour les ouvrages de Lacépède, Latreille et d'autres naturalistes, d'un grand nombre d'espèces nouvelles et de renseignements précieux sur les poissons, les reptiles, les oiseaux. Il fut nommé en 1803, par le premier Consul, inspecteur des jardins et pépinières de Versailles, en 1806 à celles qui dépendaient du ministère de l'intérieur. On lui doit un *Dictionnaire raisonné et universel d'agriculture*, une *Histoire naturelle des coquilles*, un *Nouveau Dictionnaire d'histoire naturelle*. Ces ouvrages parurent de 1801 à 1804 et lui valurent en 1806 d'entrer à l'Institut de France.

Boyer (*le baron Alexis*). — Né en 1757, mort en 1833. Enfant de ses œuvres et de la Révolution française qui l'installa le 12 août 1792 comme chirurgien en second à l'Hôpital de la Charité. Son *Traité d'anatomie* le mit hors pair et présenté par Corvisart à Napoléon, il devint un des médecins de l'Empereur en 1804. Il profita de cette situation pour activer ses travaux et en 1811 il publia son *Traité des maladies chirurgicales*. Très philosophe il sut toujours accepter les vicissitudes de la vie avec un grand calme. On a retenu de lui ces paroles caractéristiques prononcées, lors de la première abdication de Napoléon : « Je n'ai pas amassé de fortune. Je perds aujourd'hui ma dotation de 25,000 fr. et ma place de chirurgien de l'Empereur. J'ai cinq chevaux, j'en vendrai trois, je garderai la voiture qui ne me coûte rien, je lirai ce soir un chapitre de Sénèque et je n'y penserai plus. » Nous avons tenu à rapporter ce souvenir pour montrer qu'il y avait des âmes bien trempées dans ces temps héroïques. Le baron Boyer, en médecine, avait pris parti en faveur de la méthode vitaliste de Desault par opposition à la méthode physiologique de Haller et de Bichat.

Brard (*Cyprien-Prosper*). — Minéralogiste, né à l'Aigle (Orne) en 1786, mort au Lardin (Dordogne) en 1838. Il fut élève de l'Ecole des Mines et en sortit avec le titre d'ingénieur. Dans les nombreux voyages qu'il a faits, il recueillit une très grande quantité de minéraux précieux qui font partie des richesses minéralogiques du Muséum d'histoire naturelle. Son *Manuel du minéralogiste et du géologue voyageur* date de 1803 et son *Traité des pierres précieuses, des porphyres, des granits* a été publié en 1808.

Bréguet (*Abraham-Louis*). — Célèbre horloger mécanicien né à Neufchâtel en 1747, d'une famille française réfugiée en Suisse, depuis la révocation de l'Edit de Nantes, mort à Paris en 1823. Il est l'auteur de tous les perfectionnements classiques qui ont fait des montres un objet populaire et notamment de l'emploi des rubis pour les parties frottantes et de la répétition des heures au tact. Il inventa un compteur militaire, instrument sonnant pour régler le pas des troupes et qui n'aurait eu besoin que d'un léger perfectionnement pour être adopté par Napoléon dans l'armée. Bréguet est le créateur des belles montres nommées chronomètres, du compteur astronomique qui permet d'apprécier à la vue jusqu'aux centièmes de seconde et du mécanisme élégant et solide des télégraphes aériens établis par Chappe. Il fut horloger de la marine, membre de la Marine et du Bureau des Longitudes.

Brézin (*Michel*). — Dans l'histoire de l'industrie pendant la période révolutionnaire et napoléonienne nous devons noter le nom de Michel Brézin qui, fils d'un simple ouvrier serrurier et privé d'instruction, mourut millionnaire, après avoir établi une fonderie à l'Arsenal Paris et frappé, par des engins particuliers et nouveaux, pour plus de 1 million de pièces de 1 centime. Devenu maître de forges en Normandie, il mourut en 1828, en laissant sa fortune à la création d'une maison de retraite pour 300 ouvriers vieux et misérables. Situé à Garches, près de Saint-Cloud, l'*Hospice de la Reconnaissance*, est un véritable asile des Invalides du travail qui devrait servir de modèle à des créations similaires dans tous les corps de métier artistique, intellectuel et manuel. L'artiste, l'homme de lettres, le savant, qui arrivent à la vieillesse, pauvres et sans force, méritent aussi bien que l'ouvrier un modeste refuge pour les mettre à l'abri du besoin, pendant les dernières années de leur existence.

Brongniart (*Alexandre-Théodore*). — Né à Paris en 1739, mort en 1815. C'est l'ancêtre de la dynastie des Brongniart. Architecte savant, il a construit un grand nombre d'édifices publics et privés de la capitale et c'est lui qui dessina les belles avenues qui entourent les Invalides et l'Ecole militaire. Son œuvre principale est le palais de la Bourse dont il posa la première pierre en 1808 et qui fut terminé sur ses plans par Labarre en 1827. On a dit de ce monument qu'il ne lui manquait qu'une plus noble destination pour avoir l'entière majesté des temples antiques. Sa fille avait une bonté vraiment typique. Le peintre Gérard, ami de Brongniart, l'a immortalisée dans un tableau resté célèbre et qui est un chef-d'œuvre de grâce, de dessin et de coloris.

Brongniart (Antoine-Louis). — Frère du précédent, chimiste distingué, mort en 1804. Il devint professeur au Muséum d'histoire naturelle. On a de lui : *Tableau analytique des combinaisons et des décompositions de différentes substances chimiques.*

Brongniart (Alexandre). — Minéralogiste et géologue, fils du premier, neveu du précédent, né à Paris en 1770, mort en 1847. En 1800, il fut nommé à la direction de la Manufacture de Sèvres où il fit renaître l'art oublié de la peinture sur verre. Il publia successivement en 1805 et en 1807 un *Essai d'une classification naturelle des reptiles* dont les principaux résultats ont été universellement adoptés et un *Traité élémentaire de minéralogie* devenu classique. On doit considérer Alexandre Brongniart comme le fondateur de la méthode en géologie.

Brongniart (Adolphe-Théodore). — Botaniste, né à Paris le 16 janvier 1801, mort en 1876. Il débuta par des recherches d'anatomie et de physiologie végétales et publia, étant encore très jeune, une *Classification des champignons*. Son principal titre scientifique est son *Histoire des végétaux fossiles* ou *Recherches botaniques et géologiques sur les végétaux renfermés dans les diverses couches du globe*, ouvrage magistral resté inachevé. Adolphe Brongniart est un disciple direct de l'école scientifique du temps de Napoléon. On peut dire qu'il a fondé la paléontologie végétale, comme Cuvier a fondé la paléontologie animale, et son père Alexandre Brongniart, la géologie expérimentale.

Broussais (*François-Joseph-Victor*). — Né à Saint-Malo le 17 décembre 1772, mort à Vitry (Seine) en 1838, Broussais a voulu réformer la médecine en simplifiant la doctrine fondamentale de Brown : « La vie ne s'entretient que par l'irritation ; elle n'est que le résultat de l'action des incitants extérieurs sur l'irritabilité des organes. » Broussais arriva à vouloir déterminer : 1° quel est l'organe malade ; 2° quelle est la nature du mal ; 3° quelle est la mesure des antiphlogistiques que le patient peut supporter. C'est ainsi qu'il supprima complètement l'usage du quinquina et s'en tint aux délayants et aux sangsues. Cette doctrine médicale à laquelle il donna le nom de *Médecine physiologique* fut adoptée, du temps de Broussais, par la plupart des médecins, en France, en Belgique, en Italie, en Espagne. Ce règne ne devait pas être de longue durée, ses adversaires obtenant bien plus de succès avec les toniques et les excitants. Mais Broussais était éloquent, impétueux, dominateur ; il parvint à imposer ses idées ; comme aussi elles étaient plutôt le fruit de l'imagination que d'une observation attentive, et surtout que d'une expérimentation éprouvée, elles ne survécurent pas à son propagateur. Un des plus beaux titres de gloire de Broussais, selon nous, et un des plus négligés, c'est d'avoir ramené, dès l'année 1805, les différentes sortes de phtisies, alors admises, à une seule forme présentant toujours une même altération, la présence des tubercules. « Des tubercules, dit-il, toujours des tubercules, voilà le trait de ressemblance le plus général et le plus uniforme. » Il insistait encore sur la fonte du poumon causée par une matière purulente fournie par l'air atmosphérique. De là à la médecine microbienne, à la théorie actuelle de la phtisie qui se forme du dehors au dedans par un empoisonnement extérieur et ne se forme pas de nous par nous, il n'y avait qu'un pas à franchir. Il a fallu plus de quatre-vingts ans et tout le génie de Pasteur pour y parvenir.

Broussonnet (*Pierre-Marie-Auguste*). — Naturaliste et botaniste, né à Montpellier en 1761, mort en 1807. D'abord suppléant de Daubenton au Collège de France, puis professeur adjoint à l'Ecole vétérinaire d'Alfort, il fut élu à l'Académie des sciences. Nommé député aux premières assemblées politiques de la Révolution, il devint suspect comme girondin sous la Convention et il fut forcé de s'expatrier. A son retour en France, le consul Bonaparte sur la désignation de Chaptal, le nomma professeur de botanique à Montpellier. C'est là qu'il composa son principal ouvrage : *Elenchus plantarum horti Montispeliensis* (1805).

Brisson (*Mathurin-Jacques*). — Naturaliste et physicien, né à Fontenay-le-Comte en 1723, mort à Paris en 1806. Il succéda à Noblet, dans la chaire de physique au Collège de Navarre, entra à l'Académie des sciences et devint en 1796, professeur aux Ecoles centrales de Paris. Brisson a composé des ouvrages extrêmement remarquables sur l'ornithologie, l'électricité, la pesanteur spécifique des corps et les nouvelles découvertes aéorastiques, en 1787. Ses *Principes élémentaires de l'histoire naturelle et chimique des substances minérales*, publiés en 1797, sont restés longtemps classiques. Sur la fin de sa vie, il fut frappé d'une attaque d'apoplexie qui altéra à tel point ses facultés intellectuelles qu'il avait oublié la langue française. On ne l'entendit plus que prononcer quelques mots du patois poitevin qu'il parlait étant enfant. Napoléon intervint pour soulager sa malheureuse vieillesse.

Brisson (Barnabé). — Ingénieur, né à Lyon en 1777, mort à Paris en 1828. A l'Ecole polytechnique, il fut l'élève de prédilection de Monge. Il prit une part active aux travaux du Canal de Saint-Quentin et dans les travaux entrepris pour garantir le département de l'Escaut contre les marées de l'Océan. Il est l'auteur du *Traité des ombres* inséré à la suite de la *Géométrie descriptive* de son maître.

Buache de la Neuville (Jean-Nicolas). — Né en 1741, à La Neuville-en-Pont, mort à Paris en 1815, neveu de Philippe Buache, célèbre géographe, professeur des enfants de Louis XV, connu par son système des bassins de rivières et de mers déterminés par les chaînes de montagnes. Comme son oncle il fut d'abord ingénieur géographe du Roi, puis conservateur des cartes au Dépôt de la marine. Il garda cette situation jusqu'à la fin de sa vie, sans être inquiété, grâce aux services qu'il sut rendre aux expéditions maritimes. Ses travaux le firent entrer à l'Institut et Napoléon eut recours plusieurs fois à ses lumières géographiques.

Cabanis (Pierre-Jean-Georges). — Médecin, philosophe, écrivain, né à Cosnac (Charente-Inférieure) en 1757, mort à Paris en 1808 Il se voua principalement à l'étude de l'homme matériel et prétendit ne rien voir au delà des bornes de la matière. Quand il lui fallut prendre définitivement un métier, il choisit la médecine, science devenue positive, et qui était déjà considérée pour son objet autant que pour les profits qu'elle rapportait. Il fut le médecin de Mirabeau, et c'est lui qui l'assista dans ses derniers moments et il a publié le journal des derniers instants du grand orateur. Après le 9 thermidor, au moment de la réorganisation de l'enseignement public, il fut nommé professeur d'hygiène à Paris; en 1796 il fut élu membre de l'Institut, classe des sciences morales et politiques, section de l'analyse des sensations et des idées; en 1797 il devint professeur de clinique à la faculté de médecine. Il a publié en 1804 un excellent ouvrage sur les révolutions et la réforme de l'art médical. Ses principaux titres philosophiques sont contenus dans son *Traité du physique et du moral de l'homme*, dans lequel il malmène les philosophes idéalistes. Ses idées allaient fort bien à Napoléon qui le fit sénateur et commandeur de la Légion d'honneur. Le corps de Cabanis a été inhumé au Panthéon.

Cadet de Vaux. — Né à Paris en 1743, mort en 1828. Il exerça d'abord la pharmacie, mais s'étant lié avec Duhamel, Parmentier, Tillet qui s'occupaient des applications de la chimie à l'économie rurale, il prit un tel intérêt pour cette branche nouvelle de la science qu'il vendit son officine pour s'y adonner exclusivement. Pour propager ses travaux, il fonda le *Journal de Paris* qui obtint un grand succès. On doit à ce savant utile et original, une foule de progrès et d'améliorations dont voici les principales : indication de moyens efficaces pour neutraliser les émanations des fosses d'aisances, pour assainir les prisons, les hôpitaux. Chaptal le consulta souvent et l'aida dans les mesures qu'il indiqua pour perfectionner la salubrité publique. C'est à Cadet de Vaux que l'on doit la suppression du cimetière des Innocents et c'est lui qui eut l'idée de créer une Ecole de Boulangerie où il professa publiquement les moyens de fabriquer un pain plus nutritif. Il est l'inventeur d'un système de mouture économique qui a été adopté par la meunerie entière. Cadet de Vaux a été non seulement un chimiste utilitaire, mais aussi un agronome distingué. C'est lui qui a appris aux cultivateurs à prévenir la carie des blés par le chaulage, et qui a introduit en France l'institution des Comices agricoles.

Cadet de Vaux est le frère aîné de Louis-Claude Cadet-Gassicourt mort prématurément en 1799 et qui fut un chimiste éminent et le collaborateur de Darcet, Lavoisier, Macquer. Il est l'oncle de Charles-Louis Cadet-Gassicourt (1789 - 1821) qui fit la campagne d'Autriche en 1809, en qualité de premier pharmacien de Napoléon et qui fut un littérateur distingué en même temps qu'un pharmacien du plus haut mérite, dont les traces littéraires et scientifiques furent suivies par son fils Charles-Louis-Félix Cadet de Gassicourt (1789 - 1861) qui joua un rôle important à la révolution de 1830 et pendant l'invasion du choléra en 1832, à Paris.

Caffarelli du Falga. — Nous devons retenir le nom du général Caffarelli né au Falga (Haute-Garonne) en 1756, mort en Egypte en 1799, parce qu'il a pris une part prépondérante à tous les travaux scientifiques et militaires de cette glorieuse expédition. En 1795, au passage du Rhin, sous le commandement de Kléber, il avait eu la jambe gauche emportée par un boulet de canon; devant Saint-Jean d'Acre, il eut le bras fracassé par une balle et il mourut des suites de l'amputation. Caffarelli fut non seulement un savant, mais encore un philosophe, un penseur, un économiste, et c'est avec un esprit original qu'il avait porté des vues nouvelles sur les matières traitées plus tard par Saint-Simon et Charles Fourier, mais avec un côté pratique supérieur, ce qui faisait dir de lui par Bonaparte : « Caffarelli au moins n'est pas un idéologue. »

Caillau (Jean-Marie). — Médecin, né à Gaillac en 1765, mort en 1820, célèbre par ses études spéciales sur les maladies des enfants, la dentition, l'endurcissement du tissu cellulaire chez les nouveaux-nés, et par un volume qui fit du bruit lors de son apparition en 1799 et que Bonaparte fit remettre à Joséphine dont il désirait avoir ardemment des enfants, et qui menaçait de rester inféconde. Cet ouvrage intitulé la *Callipédie* ou l'*Art d'avoir de beaux enfants* péchait cependant par la base en omettant d'indiquer le moyen d'obvier à la stérilité prolongée de l'épouse.

Callet (Jean-François). — Né à Versailles en 1744, mort en 1798. Célèbre mathématicien qui a dû sa renommée à une œuvre unique, les fameuses *Tables de Logarithmes*, appelées par Bonaparte le livre de chevet des ingénieurs. Elles avaient été éditées une première fois, en 1783, sous le titre de *Tables de Gardiner*. Elles furent rééditées en 1795 sous le titre qui les a popularisées et furent portées à une grande correction et à la perfection typographique, grâce aux progrès accomplis dans le stéréotypage par Firmin-Didot. On trouve dans l'ouvrage de Callet les logarithmes des nombres jusqu'à 108,000. Le lecteur sait qu'on entend par cette expression le nombre pris dans une progression arithmétique et répondant à un nombre pris dans une progression géométrique.

Camus (Armand-Gaston). — Né à Paris en 1740, mort en 1804. Célèbre conventionnel et jurisconsulte, connu par son attitude énergique dans plusieurs circonstances solennelles de la Révolution française. Il fut un des promoteurs de la protestation du Jeu de Paume et se trouvait à la droite de Mirabeau, quand M. de Dreux-Brézé se présenta au nom de Louis XVI et que le fameux orateur jeta à la Royauté les fameuses paroles qui faisaient de la Révolte une Révolution en organisant, en consacrant et légalisant la résistance. Membre du Comité de Salut public, il fit partie de la Commission envoyée pour surveiller les agissements de Dumouriez et fut arrêté et livré aux Autrichiens qui le firent enfermer successivement à Maëstricht, Coblentz, Kœnigingratz, Olmutz. Le 25 décembre 1795, il fut échangé contre Madame Royale, fille de Louis XVI. Camus avait débuté par une traduction-commentaire de l'*Histoire des animaux* d'Aristote. Nommé membre de l'Institut, à sa création, la science doit retenir son nom, autant pour son *Etude sur les départements français*, que pour la description des procédés nouveaux de stéréotypie et de polytypie, que pour l'esprit de justice et de méthode qui règne dans ses travaux de jurisprudence. Napoléon eut souvent recours à sa *Bibliographie choisie des livres de droit* pour préparer la discussion du *Code civil* au Conseil d'Etat.

Carnot (*Lazare*). — Né à Nolay (Côte-d'Or) le 13 mai 1753, mort à Magdebourg (Saxe) le 2 août 1823. Organisateur scientifique des victoires de la première République, il appartient à cette grande école militaire des généraux de la fin du XVIIIe siècle qui étaient bons géomètres et forts mathématiciens. En même temps c'était un écrivain disert, un cœur chaud et simple, un vrai patriote. Il reçut sa première éducation de son père qui était notaire à Nolay et qui tenait sa charge de ses ancêtres chez lesquels elle était héréditaire depuis plusieurs siècles. Il fut d'abord placé au petit séminaire d'Autun, puis au collège de la même ville, enfin à Paris dans une Ecole spéciale où son aptitude pour les sciences exactes attira l'attention de d'Alembert. A dix-huit ans il se présenta aux examens et fut admis à l'Ecole du génie, à Mézières, avec le grade de lieutenant en second. En 1773, il alla tenir garnison à Calais, puis successivement au Havre, à Béthune, à Arras, avec le grade de lieutenant en premier.

Nommé capitaine à l'ancienneté en 1783, il composa alors un *Eloge de Vauban* qui lui fit décerner l'année suivante le prix proposé par l'Académie de Dijon. Il le reçut des mains du prince de Condé, gouverneur de Bourgogne, et le futur général des émigrés. Ce travail excellent et qui mériterait d'être publié en petit livre populaire valut à Carnot les félicitations d'un grand nombre de personnes, notamment celles de Buffon et du prince Henri de Prusse, frère du grand Frédéric. Vers le même temps, il publia aussi un *Essai sur les machines*, dont il donna plus tard une nouvelle édition augmentée sous le titre *De l'Équilibre et du mouvement*. Il s'occupa à ce moment-là des aérostats et de la possibilité de les diriger, et se mêla au grand débat qui s'éleva à cette époque relativement aux divers systèmes de fortification, et publia sur ce sujet des *Mémoires* où il se prononçait pour le maintien des places fortes qu'il nomme des *monuments de paix*, parce que, dit-il, elles permettent de diminuer l'armée permanente et de laisser aux travaux productifs la partie la plus robuste de la population. Au milieu de ses travaux sérieux, il se délassait par la composition de poésies familières, qu'il augmenta dans son exil et qu'il publia en 1820. Bonaparte fit de même ; on le vit aussi, comme on disait encore dans ce temps-là, sacrifier aux Muses légères après avoir conversé avec Uranie.

Il embrassa avec ardeur les principes de la Révolution, mais son rôle politique ne commença qu'avec l'Assemblée législative où il alla siéger comme député du Pas-de-Calais en même temps que son frère Carnot-Feulins. Il fit successivement partie de tous les Comités et il acquit surtout une grande autorité dans le Comité militaire, où il joua un rôle considérable dans les réformes introduites dans l'armée pendant les années qui suivirent immédiatement 1789.

Réélu à la Convention par le Pas-de-Calais, il fut successivement envoyé à Bayonne et à Dunkerque pour mettre le pays en état de défense contre les agressions des Espagnols et des Anglais. Le 14 août 1793, il fut nommé membre du Comité de Salut public et chargé spécialement du personnel et du mouvement des armées. A ce moment si critique voici quelle était la situation de la France et du Gouvernement républicain : « Crise financière, crise des subsistances, accaparement des denrées, dépréciation des assignats, complots sans cesse renaissants des Royalistes, la contre-révolution empruntant le masque des Girondins et soulevant les départements en se donnant comme un simple schisme de l'opinion républicaine, toutes nos frontières entamées par l'ennemi, la route de Paris ouverte au nord, cent mille Vendéens révoltés contre la patrie et maîtres de la Loire ; Bordeaux et Caen insurgés au nom du fédéralisme, Lyon soutenant un siège contre la Convention, le Midi en feu, Toulon près d'ouvrir ses portes aux Anglais, les armées trahies par leurs chefs, manquant de tout et près de se désorganiser pendant que les corps constitués semblaient sur le point de s'anéantir dans le choc des partis; au total plus de soixante départements menacés d'invasion ou de guerre civile. »

On sait comment la France se releva et l'on sait aussi que Carnot fut un de ceux qui contribuèrent le plus à la sauver. Après dix-sept mois de campagnes à jamais mémorables dirigées par le Grand Comité militaire, les résultats furent les suivants : vingt-sept victoires dont huit en batailles rangées; cent vingt combats, quatre-vingt mille ennemis tués; quatre-vingt-onze mille prisonniers; cent seize places fortes ou villes importantes occupées; deux cent trente forts ou redoutes enlevés; trois mille huit cents bouches à feu, soixante-dix mille fusils, dix-neuf cents milliers de poudre et quatre-vingt-dix drapeaux tombés en notre pouvoir. — Tel fut le tableau présenté par Carnot lui-même en rentrant au sein de l'Assemblée, à l'expiration de ses pouvoirs, le 30 vendémiaire an III.

Par un travail de dix-huit à vingt heures par jour, il avait su constituer, mettre en action et relier entre elles par une direction commune les quatorze armées de la première République, leur communiquer le sentiment irrésistible de leur force, les lancer sur le chemin des triomphes, tracer les plans de campagne, inspirer toutes les manœuvres, enfin organiser scientifiquement la défense, l'attaque, la victoire. Carnot a eu une part considérable dans la révolution qui transforma alors la stratégie, la généralisation, la systématisation de la méthode de frapper des coups décisifs en accumulant la masse des forces sur un point donné, de couper les communications de l'ennemi, d'écraser successivement ses divisions séparées et de s'attacher à mettre les armées hors de combat plutôt qu'à s'emparer d'une place ou à gagner quelques lieues de terrain. Carnot sut encore avec un coup d'œil sûr tirer des rangs inférieurs les héros de l'avenir, Hoche et tant d'autres, et c'est lui qui sut deviner Bonaparte et qui le fit porter au commandement de l'armée d'Italie. Quoi qu'on ait voulu en prétendre, Napoléon se souvint toujours qu'il eut pour auteur de sa fortune et protecteur premier, bien moins Barras que Carnot. En août 1795, Bonaparte apporta au bureau topographique du Comité de Salut public dans la section des plans dirigé par Doulcet de Pontécoulant, coup sur coup des plans de campagnes merveilleux qui furent transmis à Carnot. Le futur vainqueur de l'Italie, parlait comme d'une chose simple, non seulement de prendre le Piémont, le Milanais, mais encore la Vénétie, de traverser les Alpes et d'aller à Vienne. Ces plans séduisirent Carnot qui comme on sait était poète, crédule, sensible, et sous forme mathématique, comme l'a si bien dit Michelet, homme d'imagination. Bonaparte fut bien son fils militaire. Au reste, c'est ainsi qu'il se recommande à madame Carnot dans ses lettres de l'époque.

De graves dissentiments ayant éclaté au sein des premiers Directeurs, parmi lesquels plusieurs avaient conservé les haines thermidoriennes contre tous les anciens membres du grand Comité de la victoire, Carnot fut accusé de royalisme et frappé comme tel. On n'avait pu le proscrire comme terroriste; au 18 fructidor, an VI (4 septembre 1797) son arrestation fut décidée ; mais il parvint à s'échapper et pendant qu'on le condamnait à la déportation, il gagna la Suisse et l'Allemagne. Il entra en France aussitôt après le 18 brumaire, fut nommé par Bonaparte, inspecteur des revues, puis ministre de la guerre en 1800. Mais il voyait avec peine disparaître peu à peu la République, il donna sa démission et, nommé membre du Tribunat, il vota contre le Consulat à vie, la création de la Légion d'honneur. dont il accepta cependant et porta le ruban, et parla *seul* contre les projets de rétablissement de l'Empire, tout en mettant en dehors la personnalité de Bonaparte.

En effet, le 23 avril 1804, un membre du Tribunat nommé Curée avait déposé une motion pour demander l'établissement de l'Empire en faveur de Napoléon et de sa famille. Le 30 il la développa à la tribune au milieu des manifestations enthousiastes de ses collègues. Carnot qui avait toujours soutenu Bonaparte, se sépara de lui ce jour-là. Dans un discours calme et méthodique, il s'attacha à démontrer que rien ne nécessitait le changement projeté dans la forme du gouvernement et il se prononça pour le maintien de la République.

Napoléon ne lui tint pas rigueur et quand le Tribunat ayant été supprimé, Carnot déclara vouloir rester dans la retraite, il fit auprès de lui des démarches répétées pour le faire revenir sur son parti et lui dit : « Monsieur Carnot, tout ce que vous voudrez, quand vous voudrez et comme vous voudrez. »

A l'heure des revers et des difficultés, Carnot reparut. Il reçut le commandement d'Anvers, en 1814. On s'aperçut alors, que l'homme qui avait dirigé toutes les armées de la République, nommé les généraux et fait avancer Bonaparte lui-même, qui avait été membre du Directoire et ministre de la guerre sous le Consulat, n'avait d'autre grade que celui de chef de bataillon du génie, auquel il était arrivé par ancienneté. Carnot défendit héroïquement Anvers et administra la ville avec une intégrité antique. Pendant les Cent-jours, Napoléon le nomma ministre de l'intérieur, et il signa les décrets et les circulaires ministériels : *Carnot, comte de l'Empire*. Après Waterloo, il fut membre du Gouvernement provisoire de 1815; mais bientôt proscrit pour avoir conservé une foi inébranlable aux grands principes de la Révolution et une pieuse gratitude envers Napoléon, il dut quitter la France. Il erra en Allemagne, habita quelque temps Varsovie et alla se fixer en Saxe, à Magdebourg où il mourut en 1823. On voit encore son tombeau dans le cimetière de cette ville, avec cette simple épitaphe : *Carnot*. Ne serait-il pas temps de rapporter dans la Mère-Patrie ces grandes dépouilles? Ne serait-ce point le devoir de la troisième République de rendre au fondateur de la première République cet hommage suprême du Retour solennel des cendres de l'organisateur de la victoire avec une pompe semblable à celle qui a accompagné le corps du vainqueur de tant de batailles. Ni la mémoire de Napoléon, ni la mémoire de Carnot ne s'en plaindraient. Ils ont été unis de leur vivant et brûlés de la même flamme patriotique. Il faut les réunir dans la mort et l'immortalité et nous demandons qu'en 1889, le cercueil de Carnot soit repris à la terre allemande et confié au dôme des Invalides, plutôt qu'aux caveaux du Panthéon.

Carnot (*Joseph-François-Claude*). — Jurisconsulte de l'école de Beccaria, frère aîné du Grand Carnot. Né à Nolay (Côte-d'Or) en 1752, mort à Paris en 1835.

Lorsque la Révolution éclata, il était avocat au Parlement de Dijon : il embrassa avec ardeur les nouvelles idées. Il fut appelé successivement à remplir les fonctions du ministère public, de juge à Autun, de commissaire auprès des nouveaux tribunaux. Il fut nommé en l'an IX, avec l'inflence de Bonaparte qui chérissait tendrement son frère cadet, conseiller à la cour de cassation où il siégea jusqu'à sa mort, ni la première Restauration, ni Louis XVIII et Charles X n'ayant osé l'écarter à cause de sa grande réputation de probité, de vertu, de philanthropie. Criminaliste de premier ordre, il a publié des travaux remarquables sur la science du droit criminel. Nommé en 1831, membre de la Commission chargée de réviser les Codes criminels, il s'employa à faire triompher ses idées de libéralisme et d'amélioration, repoussant impitoyablement toutes les sévérités exagérées des législateurs. Son chef-d'œuvre est une étude sur le *Code d'instruction criminelle mis en harmonie avec l'humanité.*

Cassini (*Jacques-Dominique, comte de*). — Il est le fils de Cassini de Thury et le troisième représentant de la glorieuse descendance des Cassini qui pendant 207 ans (de 1625 à 1832) a illustré les sciences astronomiques et géographiques ainsi que la botanique. Né à Paris en 1747, mort en 1845, Dominique Cassini succéda à son père comme directeur de l'Observatoire, entra à l'Académie des sciences et fit partie de l'Institut dès la formation de ce corps. Napoléon le nomma sénateur et comte de l'Empire. Il termina la carte de France commencée par son père, magnifique travail qui comprend 180 feuilles mesurant ensemble 11 m. de hauteur sur 11 m. 32 de largeur, qui servit de base à la première carte parue en 1791 et représentant la France divisée en départements.

Chaptal (Jean-Antoine, comte de Chanteloup). — Né à Nogaret (Lozère) en 1756, mort à Paris en 1832, il synthétise admirablement bien le caractère double du savant comme Napoléon le voulait. Chaptal a su faire descendre la science des hauteurs de la théorie dans les chemins de l'utilité pratique. A ses yeux, le laboratoire du chimiste devait être le vestibule de l'atelier et de l'usine. C'est le premier vulgarisateur industriel et scientifique que nous ayons eu. Reçu docteur en médecine à la Faculté de Montpellier, il y occupa la chaire de chimie qui y fut instituée en 1781. Il créa à cette époque une fabrique de produits chimiques qui donna au commerce français l'acide sulfurique et l'alun artificiel. En 1793, il fut placé à la tête des ateliers de Grenelle pour y préparer en grand le salpêtre. Quelque temps après il fut chargé du cours de chimie végétale à l'Ecole polytechnique, tandis que Guyton de Morveau y professait la chimie minérale et Fourcroy la chimie générale.

Chaptal fut admis à l'Institut, lors de sa création en 1795, et aussitôt après le 18 brumaire, il fut appelé par Bonaparte au Conseil d'Etat, puis nommé ministre de l'Intérieur. Jamais une direction plus utile n'a été donnée depuis cette époque au bien-être et à la richesse de la France par un homme placé dans une situation officielle. On doit, en effet, à l'initiative intelligente de Chaptal un grand nombre de mesures et de fondations importantes dont voici les principales : Etablissement des Bourses, des Chambres de Commerce, des Chambres consultatives d'art et de manufactures ; la création de la première Ecole d'arts et métiers ouverte en France, celle de la Société de Vaccine, la réorganisation des Monts-de-Piété, l'introduction des ateliers de travail dans les prisons; le rappel dans les hôpitaux des sœurs de charité qui en avaient été éloignées par la Révolution ; la réglementation de l'exploitation des eaux minérales ; la création de la Pépinière du jardin du Luxembourg destinée à fournir des expériences comparatives sur les divers plants de vignes; la création du premier réseau de nos canaux; la construction des routes nationales, impériales, départementales; la construction de celles du Simplon et du Mont-Cenis; la fondation du Musée Napoléon; le percement des rues de Rivoli et de Castiglione; la fondation à l'École de médecine des cours d'accouchement et la réglementation des inhumations. Chaptal a pu se consacrer à toutes les créations éminentes parce qu'il est resté pendant une longue période consécutive au ministère, de 1800 à la fin de 1804, et qu'il ne fut jamais arrêté dans l'application de ses idées, ni par les bureaux, ni par ses collègues du gouvernement. Napoléon, pour le récompenser, le nomma sénateur, trésorier du Sénat, comte de l'Empire et grand officier de la Légion d'honneur.

Chaptal a introduit en France la teinture du coton par le rouge d'Andrinople, la culture du pastel et la substitution à l'indigo; il a perfectionné la fabrication des savons, donné la plus grande extension au procédé de Berthollet pour le blanchiment et il est l'auteur d'un grand nombre de *Traités* tout à fait remarquables, sur les salpêtres, les goudrons, les arts chimiques, la culture de la vigne, l'art du teinturier et du dégraisseur, etc. C'est lui qui a introduit dans les pays de vignobles le sucrage des vins, méthode appelée dans la pratique générale sous le nom de *Chaptalisation*.

Cels (*Jacques-Martin*). — Botaniste et agronome, né à Versailles en 1743, mort à Paris en 1806. Il est le créateur d'une magnifique pépinière qu'il forma près de Montrouge et dans laquelle il chercha à naturaliser un grand nombre de plantes exotiques. Il fut membre de l'Institut, de la Société centrale d'agriculture et Napoléon le choisit comme un des rédacteurs du Code rural qui ne fut pas terminé et qui reste encore à faire, tant il est vrai qu'il est presque impossible de réunir sous une législation identique une variété infinie de cultures et d'usages agricoles.

Charles (*Jacques-Alexandre-César*). — Né à Beaugency en 1746, mort à Paris en 1823. C'est un des fondateurs de la physique expérimentale. Il a contribué surtout à populariser en France les découvertes de Franklin sur l'électricité et c'est lui qui pour le gonflement de aérostats a substitué à l'air dilaté le gaz hydrogène, quatorze fois plus léger que l'air atmosphérique. Il osa le premier s'élancer dans l'espace dans les montgolfières, et ses ascensions suscitèrent un véritable enthousiasme. Lors de la création de l'Institut, il entra dans la première classe. Napoléon encouragea ses expériences sur la dilatation des gaz et la construction de ses appareils de physique, notamment le mégascope.

Chaussier (*François*). -- Né à Dijon en 1746, mort à Paris en 1828, d'une attaque de paralysie au moment où il venait de dicter un discours pour la distribution des prix de la Maternité. Chirurgien et anatomiste des plus habiles, Chaussier fut surtout un esprit vaste et généralisateur. Ses cours avaient un caractère encyclopédique, et l'éloquence qui lui manquait fut remplacée avantageusement par des digressions scientifiques et des réticences philosophiques qui faisaient comprendre que l'anatomiste était aussi un physiologiste profond et un médecin savant, comme le règne de Napoléon en compte une pléïade aussi nombreuses qu'illustre. C'est de 1769 à 1815 que Chaussier a publié ses principales recherches sur les inhumations précipitées, les valvules, le rachitisme, les empoisonnements par le sublimé corrosif, les ecchymoses, les meurtrissures, les contusions, la sigillation. Ses *Tables chirurgicales*, ses *Tables synoptiques* constituent des travaux scientifiques et médicaux des plus remarquables parmi tous ceux qui ont marqué la fin du XVIIIe siècle et le commencement du XIXe siècle.

Chevreul (*Michel-Eugène*). — Chimiste et membre de l'Institut né à Angers le 31 août 1786, fils de Michel Chevreul (1754-1845), médecin chirurgien du comte de Provence et le fondateur des premières maisons de sages-femmes, dans les Provinces. Nous ne devons pas omettre ici le nom de notre grand centenaire parce qu'il a été une intelligence précoce, qu'il fut à dix-sept ans admis dans la fabrique de produits chimiques de Vauquelin, en 1803, puis le préparateur de ce dernier, en 1810, dans son cours du Muséum d'histoire naturelle, et parce qu'il a déclaré être redevable de ses découvertes à l'esprit de science et de méthode puisé sous le règne de Napoléon, dans le milieu scientifique dont s'entourait l'Empereur. En 1813, sur la recommandation de Vauquelin auquel il devait succéder en 1830 au Jardin des Plantes, il reçut le titre d'officier de l'Université et fut nommé par Napoléon, à la chaire de chimie au lycée Charlemagne. Il est mort le 9 avril 1889.

Codes. — Nous devons mentionner ici l'ensemble

de l'unification de nos lois sous le nom de Codes, qui a été entreprise avec l'influence, la direction et le concours personnel de Napoléon. Cette œuvre considérable constitue un monument qui est loin d'être parfait et qui ne peut pas l'être, car le progrès marche et les mœurs changent, et la loi ne peut pas rester immuable, tandis que tout varie. Mais il est certain que la réunion dans un ordre logique d'un certain nombre de règlements codifiant un ensemble de matières analogues répondait aux temps nouveaux. Nous devons à la Révolution et à l'Empire les bases d'une législation plus en rapport avec l'unité matérielle et morale introduite dans le pays tout entier. Le Code civil, le Code de procédure civile, le Code de commerce, le Code pénal, le Code d'instruction criminelle, le Code forestier, forment un corps juridique puissant qui a été au début un grand instrument révolutionnaire: mais il a vieilli parce que la justice humaine a progressé et qu'aujourd'hui on cherche à mettre avec raison plus d'humanité dans les lois. La discussion du Code civil dans le sein du Conseil d'Etat, est restée comme un spectacle saisissant par la part active que Napoléon y a prise. Il a tellement imprégné de son génie clairvoyant et tout scientifique le Code civil que la postérité lui a donné le nom de Code Napoléon. Au reste il est bien supérieur aux autres Codes qui ont été rédigés plus tard, sous son action plus lointaine, et qui cherchent trop à punir, à surprendre l'homme dans ses faiblesses et qui ne consacrent pas comme lui des principes d'éternelle justice. Aussi sont-ils beaucoup plus à refondre que le Code Napoléon.

Conté (*Nicolas-Jacques*). — Chimiste, mécanicien, dessinateur et manufacturier, né à Saint-Cernery

(Orne) en 1755, mort en 1805. C'est de lui que Monge a dit : « Il a toutes les sciences dans la tête et tous les arts dans la main. » Il fut choisi par Bonaparte pour faire partie de l'Expédition d'Egypte et il devint pour elle une véritable providence. En effet, la plupart des instruments rassemblés ayant péri dans le désastreux combat naval d'Aboukir, Conté sut tout faire reconstituer, aussi bien les télégraphes que les moulins à farine, les machines à filer la laine que les machines à fabriquer les draps, les instruments de chirurgie que le matériel de la monnaie et de l'imprimerie. A son retour en France, il fut chargé de diriger la gravure des planches du grand ouvrage de l'expédition et c'est lui qui est le créateur du procédé économique et très artistique avec lequel on exécute les hachures des fonds, des ciels et des masses des monuments. Avant son départ pour l'Egypte, Conté s'était occupé d'aérostation, et c'est à lui que l'on doit la première idée des aérostats militaires et de leur organisation à la bataille de Fleurus. C'est à son initiative qu'est due encore la création du Conservatoire des arts et métiers et la fabrication perfectionnée des crayons qui ont remplacé si avantageusement la plombagine. La Manufacture des crayons Conté est toujours prospère et tient le premier rang dans le monde entier.

Corancez (*Louis-Alexandre-Olivier de*). — Né à Paris en 1770, mort en 1832. Berthollet le choisit pour faire partie de la commission scientifique de l'Expédition d'Egypte et Napoléon le fit nommer, en 1800, consul à Alep où il resta jusqu'en 1809. En 1811 il entra à l'Institut.

Corvisart (*Jean-Nicolas*). — Né à Drécourt dans les Ardennes, le 15 février 1755, mort à Paris en 1821.

Il abandonna le droit pour s'adonner aux études médicales et devint l'élève de Petit, Desault et de Louis. En 1798, à la mort de Desbois de Rochefort il obtint la place de médecin de l'Hôpital de la Charité. Continuant l'enseignement de son prédécesseur, il y fonda cette clinique célèbre, qui pendant près de vingt années qu'il la dirigea, lui assura la réputation de premier praticien de son temps. Un an auparavant, il avait été nommé professeur de médecine au Collège de France. Depuis 1795, il occupait la chaire de clinique interne à l'Ecole de médecine de Paris. En 1799, dès les premiers jours du Consulat, il fut nommé médecin du Gouvernement. Il devint plus tard le premier médecin de Napoléon et de Joséphine qui l'avait connu chez Barras et qui le présenta elle-même à son mari. « A quelle maladie, lui demanda Joséphine, selon vous, docteur, le général est-il exposé ? — Aux maladies du cœur. — Ah !... dit Bonaparte, et vous avez fait un livre là-dessus ? — Non, répondit Corvisart, mais j'en ferai un. — Faites, faites vite, nous en parlerons ensemble. » Corvisart tint parole et peu de temps après, en 1806, il publia son *Traité des maladies du cœur et des gros vaisseaux*. En 1810, cet ouvrage partagea avec la *Nosologie* de Pinel un des prix décennaux fondés par l'Empereur. C'est une œuvre remarquable, écrite dans une forme excellente, qui a ouvert des chemins tout nouveaux à la pathologie circulatoire. Napoléon aimait beaucoup Corvisart et il avait en lui la plus entière confiance. Il voulut lui prouver son affection en lui remettant un jour à l'improviste un brevet pour son frère. « Permettez, dit Corvisart que je refuse. La place exige une capacité que mon frère n'a pas. Je sais qu'il est pauvre, mais c'est mon affaire. » Napoléon se tourna vers Chaptal et lui dit : « En connaissez-vous beaucoup comme celui-là ? »

Costaz (*Louis*). — Ingénieur, né à Champagne (Ain) en 1767, mort à Fontainebleau en 1842. Il commença par professer les mathématiques à Paris, devint directeur des conférences à l'Ecole normale, en 1795 et examinateur pour l'Ecole polytechnique. Bonaparte avait eu l'occasion de le distinguer et le fit comprendre au nombre des savants attachés à l'Expédition d'Egypte. Nommé secrétaire-adjoint de l'Institut du Caire, il donna une relation du voyage entrepris à l'Isthme de Suez et fit partie des Commissions chargées de recueillir les matériaux qui ont servi à la publication du grand ouvrage sur l'Egypte. De retour en France, il fit partie du Tribunat, et Napoléon le nomma successivement organisateur de l'Ecole des arts et métiers, préfet de la Manche, intendant des bâtiments de la Couronne, directeur général des ponts et chaussées, baron. Il est l'auteur d'un excellent *Essai sur l'administration de l'agriculture, du commerce, des manufactures, et des subsistances, suivi de l'historique des moyens qui ont amené le grand essor pris par les arts depuis* 1793 *jusqu'en* 1815.

Son frère Claude-Anthelme Costaz entra dans l'administration militaire de l'armée de Alpes, puis devint chef de bureau au ministère de l'intérieur et chef de division au ministère des manufactures et du commerce.

Coulomb (*Charles-Augustin de*). — Né à Angoulême en 1736, mort en 1806, physicien de grand mérite, célèbre par ses études sur le frottement et les résistances. C'est lui qui a donné la loi qui préside aux attractions et aux répulsions magnétiques. Il fit partie de l'Institut lors de sa création et fut nommé par Napoléon, inspecteur général de l'Université.

Courtois (*Bernard*). — Né à Dijon en 1777, mort à Paris en 1838. Après avoir servi d'aide pendant quelque temps à Fourcroy, comme préparateur de son cours à l'Ecole polytechnique, Bernard Courtois se livra plus spécialement à la fabrication des produits chimiques qu'aux recherches de chimie pure. Le hasard le favorisa deux fois merveilleusement pour faire deux découvertes importantes. La première est celle de l'alcaloïde de l'opium qu'il isola le premier en 1811 avec la collaboration de Séguin. La seconde est celle de l'iode qui a été pour la science chimique un fait de la plus haute importance pour en éclairer les nouvelles théories. En outre en thérapeutique et dans l'industrie ce produit a pris une place prépondérante. En 1811, Courtois ayant chauffé par hasard avec un peu d'acide sulfurique la lessive de la soude de varech qui refusait de donner de nouveaux cristaux, remarqua qu'il s'en dégageait des vapeurs d'une superbe couleur violette. En se refroidissant, elles laissèrent déposer des lames brillantes et métalliques. Courtois y attacha d'abord peu d'importance. Mais ayant renouvelé son expérimentation deux ans après, il signala le fait à Gay-Lussac et à Humphy Davy. Gay-Lussac le contrôla, en comprit immédiatement l'importance et pour ne pas laisser échapper cette découverte fit faire une communication par Courtois à l'Institut et un mois après publiait dans les Annales de chimie ce mémoire qui est resté comme un chef-d'œuvre d'exposé scientifique et dans lequel il signalait les grands points de ressemblance du nouveau corps avec le chlorure et lui donnait le nom d'iode, tiré d'un mot grec qui signifie violet. Bernard Courtois ne sut pas tirer parti de cette magnifique découverte dévoilée par le génie de Gay-Lussac à la veille des bouleversements de 1814 et de 1815. Napoléon n'étant plus là, Courtois vécut misérablement et mourut pauvre après avoir obtenu seulement en 1832 un prix de 6,000 francs en récompense de ses travaux. C'est ce qui prouve qu'en science, il ne suffit pas de voir et de découvrir. Il faut comprendre et expliquer ce que l'on trouve.

Cousin (Jacques-Antoine-Joseph). — Mathématicien et homme politique, né en 1739, mort en 1800. Il fut nommé professeur de physique au Collège de France en 1766, puis professeur de mathématiques à l'Ecole militaire en 1769. Il fut le professeur du jeune Bonaparte et lui enseigna les premières notions de calcul différentiel et le calcul intégral. En 1796, il entra au Conseil des Anciens et fut appelé à siéger au Sénat en 1799.

Crespel-Dellisse. — Né à Lille en 1789, Crespel-Dellisse fonda dès 1810, dans sa ville natale, la première fabrique de sucre indigène qu'ait possédée notre pays. Il était très jeune alors, mais élevé dans l'industrie et imbu des idées de Napoléon, il n'hésita pas à se lancer dans cette voie nouvelle. Il trouva pour l'aider dans cette entreprise, alors si hasardeuse, deux hommes de foi et d'intelligence, Passy et Dellisse. Il devint bientôt le gendre du second. Insuffisamment renseigné sur les modes d'extraction sucrière coloniale, il trouva des prisonniers de guerre espagnols qui avaient été à Cuba, et qui peu ou prou, connaissaient cette fabrication. La première année, Crespel-Dellisse n'obtint que 400 kilogrammes de sucre brut provenant de betteraves indigènes. Dès l'année suivante, le chiffre de sa production fut porté à 10.000 kilogrammes et tandis que la plupart des fabriques de sucre indigène disparaissaient avec l'Empire, il traversa avec énergie la crise et soutint énergiquement et avec bonheur la lutte avec le sucre de canne, grâce aux améliorations qu'il ne cessa d'apporter dans ses procédés. Son industrie devint considérable ; il l'introduisit à Arras, puis successivement dans les départements du Pas-de-Calais, de la Somme, de l'Aisne, de l'Oise. Quand il mourut il était à la tête de dix-neuf fabriques. C'est avec raison qu'on lui a élevé un monument à Arras.

Creusot. — Les établissements métallurgiques et miniers du Creusot datent de 1781. A cette époque, il se forma sous la raison sociale Perrier, Beltinger et Cie une première société industrielle patronnée par Louis XVI. Le territoire de cette grande ville n'était qu'un bourg aride et composé seulement de quelques cabanes ; mais l'usage du charbon minéral commençait à se répandre, le canal du centre venait d'être décrété, et ces deux circonstances devaient changer tout l'avenir du pays. Comme fonderie de canons le premier établissement métallurgique du Creusot eut de nombreuses commandes du Gouvernement et pendant la première République et pendant le premier Empire. Cette prospérité commençante devait recevoir un grand mouvement de MM. Chagot, en 1818 et une impulsion décisive de la famille Schneider en 1837, pour arriver à son degré de prospérité admirable de l'heure présente. De quelques centaines d'habitants, la population s'est élevée à 30,000 habitants et ce qui valait quelques centaines de mille francs vaut aujourd'hui des millions.

Cugnot (*Nicolas-Joseph*). — Ingénieur militaire et mécanicien de génie, né à Void (Lorraine) en 1725, mort en 1804. Il inventa d'abord un fusil que le maréchal de Saxe adopta dans le corps de ses uhlans, et se consacra à la construction d'une voiture à vapeur qui est l'ancêtre de nos locomotives routières actuelles. Le modèle en est déposé au Conservatoire des arts et métiers à Paris. Cugnot ne put y donner tous les perfectionnements qu'il voulait y apporter, faute d'argent, parce que nul ne croyait à la possibilité de cette invention et ne voyait son utilité. Un seul homme y eut foi, c'est Bonaparte. Le 30 janvier 1798, il fit parvenir une note à l'Institut relative à une voiture mue par la vapeur, en demandant « qu'un Rapport fût fait sur cette machine et d'engager le citoyen Cugnot qui en est l'auteur à assister à l'expérience qu'on fera et de présenter en même temps des vues sur la meilleure manière d'appliquer l'action de la vapeur au transport des fardeaux. » Aucune suite ne fut donnée à cette demande, et lorsque deux ans après, le 1er août 1800, Bonaparte apprit que Cugnot était dans une profonde misère, il lui fit servir immédiatement une pension de mille francs. Cugnot, qui était déjà âgé, découragé, mourut peu de temps après et son nom est resté dans l'oubli à tort. La France doit une réparation à sa mémoire.

Cuvier (Georges). — Né à Montbéliard, en 1769, la même année que Napoléon, mort à Paris en 1832. Grand naturaliste et profond penseur, fondateur de l'anatomie comparée, créateur des lois de la subordination des formes et de la corrélation des organes qui ont permis de ressusciter tout un monde passé et de reconstruire méthodiquement les espèces animales perdues au moyen de quelques débris fossiles, tantôt isolés, brisés, épars, tantôt confondus et mêlés.

Il fut nommé successivement par Napoléon, inspecteur général de l'Université, conseiller de l'Université, conseiller d'Etat, chancelier de l'Université, directeur des cultes dissidents, membre de la Légion d'honneur, etc. Dès 1796. il avait été élu membre de l'Institut et nommé professeur d'histoire naturelle à l'Ecole centrale du Panthéon : en 1799 la mort de Daubenton lui laissa la chaire du Collège de France, et en 1802, le décès de Mertrud, celle du Muséum. Anatomiste de génie, Cuvier fut un physiologiste médiocre et un philosophe à courte vue. C'est ainsi qu'il admettait la préexistence des germes, qu'il regardait comme un fait démontré l'immutabilité des espèces, et qu'il était partisan des causes finales qu'il confondit toujours avec le principe des conditions d'existence. Il fut l'adversaire d'Etienne Geoffroy Saint-Hilaire et du transformisme de Lamarck.

Son frère Frédéric Cuvier (1773-1838) a été un naturaliste de second ordre, mais remarquable et original dans ses vues. Il est le premier qui ait marqué chez les mammifères les limites séparant l'intelligence qui se modifie sans cesse, de l'instinct qui est invariable. Il est encore le premier qui ait comparé l'habitude à l'instinct; mais au lieu d'expliquer, à l'exemple de Condillac, l'instinct par l'habitude, il démontra que dans l'habitude il n'y avait souvent que de l'instinct acquis. Nommé en 1804 directeur de la Ménagerie au Jardin des Plantes, Napoléon lui fit confier le poste d'inspecteur général des Etudes de France, en 1810.

Darcet (*Jean*). — Né dans les Landes, à Docrazit, le 7 septembre 1725, mort à Paris le 13 février 1801. Il fut amené à Paris en 1742, par Montesquieu qui lui confia l'éducation de son fils. Arrivé dans la capitale, il se livra avec un redoublement d'ardeur à l'étude des sciences chimiques et médicales. Toutes ses découvertes qui ont pour but l'application de la chimie aux arts et à l'industrie sont d'une date antérieure à la Révolution. Elles ont porté sur la fabrication de la porcelaine, l'extraction de la gélatine des os, et de la soude du sel marin, les alliages fusibles, la combustibilité du diamant, la fabrication artificielle des pierres précieuses, etc. Napoléon tint à reconnaître tant de découvertes de génie en le faisant entrer au Sénat, et en faisant nommer son neveu Joseph Darcet, à l'âge de 24 ans, en 1801, essayeur à la Monnaie de Paris. Joseph Darcet qui était né à Paris en 1777, et qui mourut en 1844, profita de cette position pour continuer les traditions chimiques et industrielles de son oncle. C'est lui qui a créé les premières fabriques de potasse artificielle et de soude et il a beaucoup perfectionné la savonnerie, le clichage, les alliages, l'affinage des métaux, l'essayage des monnaies, et un des premiers il s'est consacré à l'assainissement des ateliers industriels.

Daubenton (1716-1799). — Grand naturaliste et savant modeste, collaborateur de Buffon, pendant plus de vingt-cinq ans et dont ce dernier disait : « Il n'a jamais ni plus ni moins d'esprit que n'en exige son sujet », pour signifier que Daubenton possédait une qualité aussi rare en fait de style qu'en fait de science : la mesure. Daubenton appartient à ce livre par les dix dernières années de sa vie, par la publication de son *Traité des moutons* et son *Annuaire du cultivateur*.

A son retour d'Egypte, le général Bonaparte se rendit auprès de l'introducteur des béliers mérinos en France, et auprès de Bernardin de Saint-Pierre qui habitaient tous les deux au Jardin des Plantes. Il ressentit une vive sympathie pour la simplicité du premier, mais le second lui déplut par son humeur chagrine. Lorsque le Sénat fut institué, Bonaparte porta Daubenton sur la liste des premiers membres de cette Assemblée. Quoique malade, malgré ses quatre-vingt-quatre ans, il voulut se rendre par un hiver rigoureux à la première séance. Il fut frappé au milieu de ses collègues et il mourut cinq jours après. Ses funérailles se firent avec pompe sous la direction du peintre David, et son corps fut enterré dans le Jardin des Plantes.

Delambre. — Né à Amiens le 19 septembre 1749, cet astronome de génie n'avait pas moins de trente-six ans, quand il commença à étudier sous Lalande la science qui devait l'immortaliser. Son coup d'essai fut un coup de maître. Ses tables d'Uranus lui valurent en 1790 le prix de l'Académie, et deux années après, il en fut nommé membre à l'unanimité lors de la présentation de ses tables des satellites de Jupiter et de Saturne. L'Assemblée constituante ayant décrété l'établissement du nouveau système métrique de mesures, Delambre reçut avec Méchain la mission de mesurer l'arc du méridien compris entre Dunkerque et Barcelone. Cette opération, sans cesse interrompue par les vicissitudes des événements, ne fut terminée qu'en 1799. Napoléon le nomma chevalier de la Légion d'honneur en 1802 et trésorier de l'Université en 1808. Disciple de Lalande il avait hérité de lui, sinon de sa manie d'athéisme, au moins d'un éloignement entier pour la religion, ce que Napoléon n'approuvait point, lui qui croyait ou affectait de croire qu'il n'était pas possible de mener un peuple sans religion. Dans tous les cas il en fit un moyen de gouvernement puissant en négociant le Concordat pour le rétablissement du catholicisme que la Révolution avait eu le tort de supprimer en décrétant la constitution civile du clergé, si peu conforme au principe de la liberté des cultes.

Delambre mourut le 18 août 1822, pendant qu'il rédigeait la première partie de son *Histoire de l'astronomie* ayant repoussé avec loyauté et sans ostentation les secours de la religion à laquelle il n'avait jamais cru.

Delessert. — La famille Delessert comprend des membres illustres qui se sont consacrés au bien public et au progrès, et qui se sont signalés pendant la période révolutionnaire et sous le règne de Napoléon.

Le premier, l'ancêtre, est Etienne Delessert, né à Lyon en 1735, mort à Paris en 1816. Il quitta en 1777, la maison de commerce que son père dirigeait à Lyon, pour venir fonder à Paris une Banque spécialement destinée aux opérations commerciales et industrielles. Il ne tarda pas à jouer un rôle important comme promoteur d'entreprises financières et d'innovations commerciales et industrielles. Il donna un grand essor à la spécialité des tissus légers et des gazes de soie. Il fonda la première Compagnie d'assurances contre l'incendie qui ait été organisée en France, la première Banque d'escompte qui servit de modèle pour l'organisation de la Banque de France créée en 1800. Après 1794. Etienne Delessert employa plus spécialement son activité aux améliorations agricoles. Il introduisit en France un troupeau de 6,000 moutons mérinos venus d'Espagne, et qui répandus chez les grands propriétaires ont contribué à perfectionner nos races ovines. Il consacra encore une partie de sa grande fortune à introduire de nouvelles machines agricoles, à en faire fabriquer, et à répandre la pratique des engrais industriels.

Etienne Delessert a eu trois fils remarquables qui ont joué un rôle important dans les affaires publiques à des degrés différents. C'est Benjamin Delessert, le fils aîné, né à Lyon en 1773, mort à Paris en 1847, qui a laissé la trace la plus considérable dans l'industrie et la science. Dès 1801, il fonda à Passy, la première filature de coton et quelques années après la première fabrique de sucre indigène. Nous avons raconté à ce mot l'enthousiasme de Napoléon et sa visite à la fabrique, exécutée toute affaire cessante, dès qu'il apprit de la bouche de Chaptal qu'après bien des essais, on venait d'extraire industriellement du sucre de la betterave.

Derosne (*Charles*). — Né en 1780, mort en 1846, Charles Derosne fut amené de bonne heure, sous l'influence de Napoléon, à se consacrer à la fabrication du sucre indigène. Il fut le premier à perfectionner les procédés d'Achard dont il traduisit en français l'ouvrage intitulé : *Traité complet sur le sucre européen de betterave.* Il parvint dès 1811 à obtenir un rendement moyen de quatre à cinq pour cent, et c'est lui qui eut l'idée de purifier les sirops de sucre par le charbon et d'obtenir le noir animal nécessaire à l'aide de la carbonisation des os. Il accueillit avec empressement Amand Savalle qui lui apportait l'invention de la distillation continue de l'alcool, et lorsque plus tard il s'associa avec l'habile mécanicien Cail pour fonder l'usine de Chaillot, origine des grands ateliers de Grenelle, il poussa à la construction des colonnes Savalle qui ont révolutionné et mis au premier rang la distillerie française. Charles Derosne avait commencé par s'occuper de chimie pharmaceutique, et pendant quelque temps il conduisit la célèbre pharmacie fondée par son père et Cadet de Gassicourt. et qui existe toujours rue Saint-Honoré.

Descroizilles. — Chimiste et industriel, né à Dieppe en 1745, mort à Paris en 1825. Il étudia dans le laboratoire de Rouelle et il s'appliqua durant toute sa vie à mettre en pratique dans l'industrie les récentes découvertes de la chimie. Il fut le premier à introduire dans son établissement de Lescure-lès-Rouen les procédés du blanchiment par le chlore de Berthollet. Il collabora à la découverte des chlorures de chaux. Il a combiné et construit l'alcalimètre pour servir dans l'analyse des alcalis. Il fit servir aussi cet instrument à l'évaluation du titre des vinaigres et à la force de dissolution des chlores. C'est ce qu'il appela l'acétimètre et le berthollimètre. Il a composé un certain nombre de mémoires qui ont été insérés dans les *Annales de Chimie*.

Desessarts (*Jean-Charles*). — Médecin français, né à Bragelonne, près de Bar-sur-Seine, en 1729, mort à Paris à la fin de 1811. Il fut nommé successivement professeur de chirurgie à la Faculté de médecine de Paris, professeur de pharmacie, doyen de la Faculté, membre de l'Institut. Il s'adonna spécialement aux maladies infantiles. Il est l'auteur d'un mémoire important sur le croup et d'un *Traité de l'éducation corporelle des enfants en bas âge*, qui prétend-on, a beaucoup servi à J.-J. Rousseau pour la composition de son *Emile*. Il est l'inventeur du fameux sirop qui porte son nom et qui est toujours recommandé dans les cas de coqueluche et de bronchite, où il agit assez énergiquement.

Desfontaines (*René Loniche*). — Botaniste de très grand mérite, né à Tremblay (Ille-et-Vilaine), le 14 février 1750, mort à Paris le 16 novembre 1833. Reçu docteur à la Faculté de médecine de Paris, il abandonna la pratique médicale pour se consacrer à la botanique. En 1783, il présenta un mémoire important sur l'*Irritabilité des plantes* qui lui ouvrit les portes de l'Académie des sciences. Linné avait constaté dans les feuilles et les corolles des plantes des mouvements caractérisés. Desfontaines étudia à ce point de vue les organes de la fructification. Il constata que les pistils et les étamines se cherchent mutuellement au moment de la fécondation. Il démontra que ces organes se courbent et se redressent en tournant autour même de leur axe. Il fit pendant deux ans un voyage dans les Etats barbaresques et il rapporta de son excursion scientifique une riche moisson de plantes. Sa *Flore atlantique* où plus de trois cents espèces nouvelles étaient étudiées et classées, fut le fruit de ce voyage. En 1798, il communiqua à l'Institut les observations qu'il avait faites en Afrique sur la structure des plantes monocotylédones, jusque-là presque inconnues en Europe. C'est de ce travail que date la division du règne végétal en ses deux classes. Dans son cours du Muséum, auquel assistaient chaque année plus de mille cinq cents personnes, il donna une importance prépondérante aux études anatomiques et physiologiques. Ses expériences sur la fécondation artificielle des plantes sont restées célèbres. La Révolution n'avait pas troublé ses travaux; il déclina l'honneur de faire partie de l'Expédition d'Egypte pour ne point les interrompre.

Desgenettes. — Illustre chirurgien et savant, né à

Alençon en 1762, mort à Paris le 2 février 1837. Il se lia vers 1794 avec Bonaparte, qui avec son grand flair des hommes sentit qu'il y avait dans ce jeune homme l'étoffe d'un caractère énergique et d'un homme de science réel. C'était à l'armée d'Italie. Bonaparte lui dit : « Etudiez tous les détails d'une armée, comme vous avez fait du corps humain; étendez votre expérience. Peut-être un jour j'en recueillerai les fruits. » Desgenettes ne se le laissa pas dire deux fois et il se mit à amasser un grand nombre d'observations médicales.

Mis à la tête de l'armée de l'intérieur, Bonaparte réclama Desgenettes comme médecin en chef. Le jeune chirurgien demanda un congé et vint à Paris, mais il arriva à Paris au moment où la place venait d'être donnée. Pour le dédommager on le nomma professeur au Val-de-Grâce. Partant pour l'Egypte, Bonaparte l'emmena avec Larrey. On sait que tous les deux, rivalisèrent de zèle, d'héroïsme, de science, de dévouement. Desgenettes combattit la peste par tous les moyens, même par l'exemple. Pour affermir les courages ébranlés, il saisit une lancette, la plonge dans le pus d'un bubon, et s'en fait une double piqûre dans l'aine et au voisinage de l'aisselle. A Jaffa, Bonaparte le fait appeler dans sa tente et lui dit : « N'y a t-il pas moyen d'abréger les souffrances des pestiférés que vous croyez perdus, en leur donnant de l'opium. » Desgenettes répond : « Mon devoir, c'est de conserver. » Il préludait ainsi aux grandes découvertes de la chirurgie moderne, lui montrant le chemin de la guérison, qu'elle a suivie avec tant de succès.

Desmarest (*Nicolas*). — Physicien, géologue, minéralogiste, né en 1725, mort en 1805. Son œuvre principale est sa carte d'Auvergne et son *Dictionnaire de géographie physique*. Il était inspecteur des manufactures de l'Etat, lorsque la Révolution éclata. Il fut destitué et rétabli dans ses fonctions par Bonaparte. On lui doit l'introduction en France des métiers à tricot usités en Angleterre.

Il est l'oncle de Gaétan Desmarest (1784-1838) qui fut un zoologiste distingué et qui dès sa plus tendre jeunesse, se voua à l'étude des sciences naturelles et suivit les cours de l'Ecole centrale des Quatre-Nations. Peu à près, il fut admis au Prytanée français. Napoléon, alors premier Consul, et qui cherchait toujours des énergies et des intelligences, l'ayant interrogé sur les mathématiques, fut tellement satisfait de ses réponses, qu'il lui accorda une médaille et une petite pension. Plus tard, il fut employé de la Légion d'honneur à l'époque où Lacépède était chancelier de l'ordre, et peu après il fut nommé professeur à l'Ecole vétérinaire d'Alfort.

Destutt de Tracy. — Né à Paris en 1754, mort en 1836. Esprit distingué, point religieux, mais d'avant-garde. En 1789, il était député de la noblesse. Il fut l'un des premiers à venir se joindre au Tiers-Etat et dans la célèbre nuit de 4 août 1789, il fut également au premier rang parmi ceux qui se dépouillèrent volontairement de leurs privilèges et de leurs titres au profit des idées nouvelles. Il fut persécuté, emprisonné pendant la Terreur, et ne sortit, de son cachot qu'après la chute de Robespierre. Désintéressé des événements politiques, il se tourna vers des visées plus hautes, et se consacra à l'étude de l'homme. « C'est une étude puissante, écrivit-il, qui s'empare souverainement de l'âme, la relève quand tout l'abat, la repose quand tout l'épuise et l'établit dans les régions sereines où rien ne pénètre que la lumière. » Il fut nommé, en 1799, par le Directoire, membre du Comité d'instruction publique. L'avènement du Consulat ne le trouva point hostile et lors de la création du Sénat, Bonaparte l'inscrivit sur la liste des premiers membres de cette Assemblée. Pourtant il n'approuvait point ses doctrines et il le considérait comme un des chefs de *la secte dangereuse des idéologues*, parce que au Sénat comme à l'Institut, les principes belliqueux étaient rangés à un degré tout à fait inférieur. Il fut donc délaissé, malgré son incontestable talent d'écrivain et ses hautes facultés de penseur. Il eut le tort de trop se souvenir de cet abandon et de proposer le 2 avril 1814 la déchéance de l'Empereur, au Corps dont il faisait partie. Ses *Eléments d'idéologie* constituent une œuvre puissante. Elles expriment dans un beau et sévère langage, que la pensée est un fait commun à tous les hommes, mais quel qu'en soit le mode, qu'on s'en rende compte ou qu'on pense d'une manière instinctive, la pensée, ajoute-t-il, se réduit à sentir. On peut appeler indifféremment d'après lui, les pensées *sensations* ou *sentiments*. Il montre qu'on sent de quatre manières différentes : actuellement, par le souvenir, par la comparaison, par les désirs. Ces quatre genres de facultés se rapportent à quatre facultés : la sensibilité, la mémoire, le jugement, la volonté. C'est à l'aide de ces quatre moyens que l'homme peut constater sa propre existence et celle des êtres qui résident autour de lui. Il procède de Locke et de Condillac et il a cherché à mettre la vigueur scientifique dans ses raisonnements.

Destutt de Tracy est le père du comte de Tracy (1781-1864), qui fut élève de l'Ecole polytechnique, prit part à la bataille d'Austerlitz, fut aide de camp du général Sebastiani, servit en Espagne de 1808 à 1811, fut fait prisonnier avec le corps d'Augereau, après des actions d'éclat. Rentré en France, il se livra complètement à l'étude des sciences, de la philosophie et de l'agronomie. Il a publié en 1857 des *Lettres sur l'agriculture* qui sont une œuvre remarquable comme style, doctrine et pratique; il a fait faire de grands progrès au métayage dans le département de l'Allier.

Deyeux (Nicolas). — Né à Paris en 1753, mort à Passy en 1837. Il fut le pharmacien de Napoléon qui eut rarement recours à son intervention; car il n'eut jamais le temps de se droguer. Deyeux profita des loisirs qu'il avait pour s'occuper de recherches scientifiques et pour étudier spécialement les différentes espèces de lait et la composition du sang des ictériques. Ces travaux le firent nommer membre de l'Institut.

Didot. — La famille des grands imprimeurs et libraires Didot, remonte à François Didot né en 1689, mort en 1759 et qui était originaire de la Lorraine par son père Denis Didot, marchand à Paris. Les savantes et grandes traditions des Estienne, Elzévir, Manuce, etc., se sont perpétuées dans cette génération nombreuse et féconde dont le nom brille encore aujourd'hui à la veille de l'année 1889, d'un vif éclat. François Didot est le premier qui ait mis son nom en évidence. Il a eu une nombreuse lignée. Le grand Didot est Firmin Didot; c'est celui qui appartient à la période qui nous occupe. Né à Paris en 1764, il mourut en 1836. Il était le fils de François-Ambroise Didot et le frère de Pierre Didot dit l'aîné. Il se distingua de bonne heure par son goût pour les lettres (il est l'auteur des deux tragédies cornéliennes représentées à Paris : *La Reine de Portugal* et *la Mort d'Annibal*). Il a fait faire de grands progrès à l'art de la typographie. C'est lui qui grava et fondit les beaux caractères qui ont servi à l'impression des éditions dites du *Louvre*. En 1795, il a rendu un signalé service aux sciences mathématiques, en imaginant de fixer les types mobiles qu'il employait pour l'impression des *Tables de logarithmes de Callet*, et de les faire arriver ainsi peu à peu à une correction absolue, procédé qui lui fit découvrir la stéréotypie, mot qu'il créa pour caractériser son invention. C'est à lui que l'Empereur Alexandre Ier dit en 1814, lors d'une visite qu'il fit à son imprimerie, le mot célèbre, en s'étonnant de la rapidité d'une presse nouvelle : « Vous avez là aussi votre artillerie, non moins puissante que la nôtre. »

Dillon (Marie de Lacroix). — Né en 1760, mort à Paris en 1807. On lui doit le premier pont en fer qui ait été construit en France (le Pont des Arts à Paris), en 1798 et qui est resté le type de l'élégance et de la légèreté. Ingénieur très habile, il fut chargé par Napoléon d'établir des ponts à bascule dans tous les départements. Il allait prendre la direction de la construction du Pont d'Iéna, lorsqu'il mourut.

Dolomieu. — Il fut un géologue et un minéralogiste de génie. Son véritable nom était Gratet. Il était natif de Dolomieu (Isère) où il vit le jour en 1750. Il mourut à Paris en 1802. Il eut une vie très agitée et remplie d'événements dramatiques. Admis dans l'ordre de Malte, dès le berceau, il faisait son noviciat sur les galères des chevaliers, lorsqu'à l'âge de dix-huit ans, il tua en duel un de ses camarades dont il avait reçu une offense. Condamné à mort, conformément aux Statuts de l'ordre, mais gracié par le grand maître, il recouvra la liberté au bout de neuf mois et fut envoyé à Metz à vingt-deux ans pour y rejoindre un régiment de carabiniers dans lequel il avait été nommé officier à l'âge de quinze ans. Là il se lia avec Thirion, pharmacien distingué, rencontra la Rochefoucauld, de l'Académie des Sciences et se consacra à la géologie. Il fit partie de l'Expédition d'Egypte, et c'est sur son conseil et avec son intervention amiable que Bonaparte dut pouvoir, sans coup férir, prendre possession de l'Ile de Malte que les chevaliers abandonnèrent à la France. Après deux années de séjour en Egypte, il s'embarqua pour retourner en France, à cause du délabrement de sa santé. Le vaisseau fit naufrage sur les côtes du golfe de Tarente au moment où la Calabre venait de se révolter contre la France à l'instigation du Roi de Naples. Dolomieu fut fait prisonnier et conduit dans un étroit cachot où il resta plus de deux années, souffrant la faim et la soif, privé de tout. Comme il disait un jour à son geôlier qu'il allait succomber, si on ne lui donnait pas les choses les plus indispensables : « Qu'importe que tu meures, répondit celui-ci. — Je ne dois compte au Roi que de tes os. » Dans cette horrible situation, il n'écrivit pas moins un de ses plus beaux ouvrages, l'introduction à la *Philosophie mineralogique* qui parut en 1802. Des morceaux de bois noircis à la fumée de sa lampe, des fragments de papier gris, les marges d'une Bible, tels étaient les instruments qu'il employait pour recueillir sa pensée. Il ne fallut pas moins que l'intervention de l'Institut de France, de la Société royale de Londres, de l'Académie de Stockholm, du roi d'Espagne et surtout l'effet de la victoire de Marengo pour le faire relâcher.

Sa mise en liberté fut même une des premières conditions imposées par Bonaparte au Roi de Naples.

Dombasle (*Matthieu de*). Né à Nancy en 1777, mort dans cette ville en 1843. Nous devons retenir son nom ici, parce qu'il a été un des premiers à fonder une fabrique de sucre de betterave ainsi qu'une distillerie d'eau-de-vie de mélasse. Les événements politiques qui suivirent l'année 1812, ne lui permirent pas de faire prospérer ces industries nouvelles. A peu près ruiné dans ces deux entreprises, il se tourna vers l'agriculture sur le progrès de laquelle il devait exercer une action si décisive par la création de l'Institut agronomique de Roville, les perfectionnements apportés à la fabrication des charrues, par son enseignement agricole, la publication de ses ouvrages.

Dubois (*le baron Antoine*). — Célèbre accoucheur né à Gramat (Lot) en 1756, mort à Paris le 31 mars 1837. Il partit pour l'Egypte avec Larrey et Desgenettes, et comme eux il participa à la gloire scientifique de cette expédition. Rentré en France, il se livra avec ardeur à l'enseignement de l'art des accouchements, art qu'il a délivré d'une foule de pratiques dangereuses, qu'il a dégagé de vaines superfluités et qu'il a ramené à la simplicité de quelques points fondamentaux, et rendu accessible à l'intelligence des élèves sages-femmes qu'il formait à la Maternité. Il fut créé baron après la naissance du Roi de Rome. Il avait été désigné par Corvisart à Napoléon, comme le plus capable d'assister l'Impératrice à défaut de Baudelocque qui venait de mourir. C'est à lui à qui l'on attribue la réponse fameuse faite à l'Empereur : « Est-ce qu'à cinquante ans un homme peut encore avoir des enfants ? — Certainement, Sire ! — Et à soixante ans ? — Quelquefois ! — Et à soixante-dix ans ? — Toujours ! »

Dubois est l'inventeur du forceps qui porte son nom et il a attaché son nom à la Maison de santé située faubourg Saint-Denis, à Paris.

Duhamel (*Guillot*). — Né à Nicors (Manche), mort en 1816. — Métallurgiste et savant de grand mérite, inventeur de la cémentation de l'acier. Il était professeur de métallurgie à l'École des Mines, lorsqu'il fut privé de sa place à l'époque de la Terreur. Bonaparte la lui fit rendre en 1797, et plus tard il le fit nommer inspecteur général des mines, en même temps qu'il fut nommé membre de l'Institut.

Dulong (*Pierre-Louis*). — Né en 1785, mort en 1838. Il devait devenir un physicien de premier ordre dans la seconde partie de sa carrière ; mais il débuta de bonne heure par être un chimiste très habile. Elève de Berthollet et de Thenard, à sa sortie de l'Ecole Polytechnique, il se signala par la découverte du chlorure d'azote, dans la préparation duquel il perdit un œil et deux doigts de la main droite. C'était en 1812. Dulong avait vingt-sept ans. Deux ans après, il devait se signaler par ses travaux sur l'acide hypophosphoreux.

Dupuis (*Charles-François*) (1742-1809). — Auteur de l'*Origine de tous les cultes*, ouvrage athée, matérialiste, qui ne voit dans les divinités, les mythologies, les traditions religieuses de tous les peuples, que la représentation symbolique des astres ou des forces de la nature. Nous devons marquer son nom dans cette galerie scientifique, bien qu'il ait été plutôt un écrivain et un érudit qu'un savant et un créateur, à cause de la forme scientifique qu'il a donnée à ses ouvrages. Rappelons que Dupuis fut élu président du

Sénat en 1801. N'oublions pas surtout qu'il eut part à l'invention du télégraphe aérien, dont il avait trouvé l'idée dans les livres du mécanicien Guillaume Amontons. Dès 1778, il correspondait ainsi de Belleville à Bagneux avec son ami Fortin. Ce n'est qu'au commencement de la Révolution que cette belle découverte fut perfectionnée et rendue publique.

Filatures. — L'introduction des premières fabriques de ce nom date de l'année 1800. C'est un liégeois Lieven Zowans, qui le premier fit connaître en France les immenses progrès que la filature mécanique avait faits en Angleterre à la suite de l'invention de l'admirable machine d'Arkwrigt sur laquelle repose toute la filature moderne. De grandes manufactures s'élevèrent à Rouen, à Lille, à Mulhouse. Napoléon fit créer un cours de filature au Conservatoire des arts et métiers et il ne craignit pas de le faire confier à un Anglais, afin de nous initier vite et bien à des procédés inconnus chez nous. Il en sortit des élèves instruits et habiles.

Les succès obtenus dans la filature du coton firent penser qu'il ne serait pas impossible d'obtenir des résultats identiques pour la chanvre et le lin. Un grand nombre de mécaniciens français et étrangers furent vivement excités à s'occuper de cet objet par l'offre que fit Napoléon, en 1805, d'un million de francs de récompense à celui qui trouverait le meilleur système de machines. Le problème fut résolu à peu près en 1810 par un français Philippe de Girard, puis perfectionné et résolu tout à fait au moment de la chute de Napoléon qui n'eut pas le temps de faire verser le montant de la récompense nationale qu'il avait instituée au glorieux inventeur. Les gouvernements qui suivirent eurent l'ingratitude de ne point exécuter les promesses de Napoléon. Philippe de Girard a procuré des millions à son pays et il est mort dans la misère.

Fleurieu (*Charles-Pierre Claret de*). — Né à Lyon le 2 juillet 1738, mort à Paris le 18 août 1810. Il fut successivement capitaine de vaisseau, ministre de la marine et des colonies, grand officier de la Légion d'honneur, intendant général de la maison de l'Empereur, Gouverneur du Palais des Tuileries, membre de l'Institut et du Bureau des Longitudes. Il est surtout connu par ses travaux qui ont contribué à l'avancement de l'hydrographie en particulier et de la géographie en général. Son *Neptune du Catégat à la Baltique*, avec un atlas de 65 feuilles, l'occupa pendant 25 ans et lui coûta plus de 200,000 francs que Napoléon remboursa à sa veuve.

Fourcroy. — Né à Paris le 15 juin 1755, mort le 16 décembre 1809. C'est un des fondateurs de la chimie moderne avec Lavoisier, Berthollet, Guyton de Morveau et les autres. Il fut un des promoteurs de la réorganisation du Muséum d'histoire naturelle et des Écoles de médecine et il prit une part active à la fondation de l'École normale et de l'École polytechnique. Il fut nommé conseiller d'État par le premier Consul, s'occupa activement de la création des établissements d'instruction publique dans les départements, et malgré tous ces devoirs multiples, il n'interrompit jamais ni ses leçons du Muséum, ni ses travaux de laboratoire. Lorsqu'il mourut subitement, Napoléon venait de lui donner le titre de comte avec le brevet d'une dotation de 20,000 francs de rente. Dans la distribution des chaires de chimie, il avait celle de chimie générale à l'Ecole polytechnique.

Fourier (*Jean-Baptiste-Joseph, baron*). C'est un des grands géomètres du XIXe siècle. Il fut membre de l'Institut, secrétaire perpétuel de l'Académie des sciences et l'un des Quarante de l'Académie française. Né à Auxerre le 21 mars 1768, il mourut à Paris le 16 mai 1830. C'est en 1789 qu'il termina son premier mémoire sur la résolution des équations numériques, problème qui l'occupa toute sa vie et sur lequel il a répandu la lumière de son génie. Il fit partie de l'Expédition d'Egypte et se lia particulièrement avec Monge et Desaix et Kléber dont il prononça les éloges devant l'armée française et la population du Caire. Napoléon le nomma préfetde l'Isère en 1802. Il conserva cette place jusqu'en 1815.

Fourier (*Charles*). — Né à Besançon le 7 avril 1772, il mourut à Paris le 8 octobre 1837. C'est le créateur de la théorie sociale qui porte le nom de *fouriérisme*, qui base le progrès de l'humanité sur l'association et qui loin de combattre les passions humaines s'en sert pour les faire aboutir au bien de l'homme. Il crut un moment pouvoir obtenir le concours de Napoléon qu'il appelait « ce nouvel Hercule capable d'élever l'humanité sur les ruines de la barbarie ». Mais le projet n'eut pas de suite et la *théorie des quatre mouvements et des destinées générales* publiée en 1808 resta sans écho.

La théorie sociale de Fourier est la plus originale qui ait été conçue. Il a voulu appliquer au monde moral la découverte de Newton dans le monde physique, celle de l'attraction universelle. Chez lui c'est l'attraction passionnelle qu'il met en jeu.

François de Neufchateau. — Né en 1750 à Saffais dans les Vosges, mort à Paris en 1828, François de Neufchateau a été un poète aimable et élégant, un littérateur de second rang, mais ingénieux et délicat, un homme politique juste, droit, ayant su conserver au milieu de tous les excès et les événements une physionomie tranquille et sereine. Nous lui devons de la reconnaissance pour les encouragements qu'il a donnés à l'agriculture, les ouvrages qu'il a publiés sur le semage et la récolte des grains, sur la manière d'étudier et d'enseigner la culture des champs, et les exemples qu'il a donnés en la pratiquant lui-même. Il fut ministre de Napoléon qui le créa comte et le combla d'honneurs.

Gall (le docteur François-Joseph). — Né dans le grand duché de Bade à Tiefenbrunn en 1758, mort à Paris en 1828. Bien que Gall soit Allemand, nous devons lui accorder une place dans ce livre, parce que, après avoir vainement essayé de propager ses doctrines à Vienne, Dresde, Berlin, Hambourg, Iéna, Amsterdam, Copenhague, c'est à Paris qu'il a pu les développer et leur faire donner le sacre de l'entraînement public, mais non point cependant la consécration de la science. Le système qu'il a créé, qu'il a appelé craniologie et auquel Spurzheim a préféré le nom de phrénologie qui lui est resté, consiste dans la possibilité de reconnaître les instincts, les penchants, les talents et les dispositions morales et intellectuelles des hommes et des animaux par la configuration de leur cerveau et de leur tête. Quand le Dr Gall vint s'installer à Paris après 1805, on prévint Napoléon que son cours avait été interdit en Autriche. « Qu'importe, répondit l'Empereur, si c'est de la science, la France doit en profiter, si ce sont des inepties l'Institut en fera justice. »

Les idées de Gall, très séduisantes, firent beaucoup de bruit. Elles sont à peu près abandonnées aujourd'hui. Cependant Flourens a porté sur elles le jugement suivant : « Il faut distinguer essentiellement dans Gall, l'auteur du système de la phrénologie, et l'observateur profond qui nous a ouvert avec génie l'étude de l'anatomie et de la physiologie du cerveau. »

Gasparin (Adrien-Etienne-Pierre, comte).– Le comte Adrien de Gasparin, grand agronome, pair de France, ancien ministre de l'intérieur et de l'agriculture sous le règne de Louis-Philippe, né à Orange en 1783, mort dans la même ville le 7 septembre 1862, est le fils aîné du conventionnel Gasparin. On sait que ce dernier fut d'abord envoyé à l'armée du Nord pour en surveiller les opérations. Il y provoqua un décret d'accusation contre Dumouriez et déjoua ses tentatives d'embauchage des troupes. De retour à Paris, il fut nommé membre du Comité de Salut public et envoyé à Toulon pour surveiller le siège de cette ville. Il trouva la mésintelligence, et c'est alors qu'il entra en rapport avec Bonaparte, examina son plan d'attaque, l'approuva et le défendit contre quelques-uns de ses collègues au risque même de sa tête. La maladie le força de quitter le siège de cette ville et il mourut en 1793 à Orange où il s'était retiré avant d'en apprendre le succès. A Sainte-Hélène, Napoléon se souvint du concours de Gasparin et il légua dans son testament à ses fils et petits-fils une somme de cent mille francs, pour l'avoir protégé à cette époque difficile de sa vie.

Son fils aîné, le comte Adrien de Gasparin embrassa d'abord la carrière des armes, fit comme officier de dragons une campagne en Italie et fut attaché en 1806 à l'état-major de Murat qu'il suivit dans la campagne de Pologne. Forcé par suite d'une blessure de quitter le service, il rentra dans la vie privée et s'adonna à l'étude des sciences naturelles et de l'agriculture, qu'il ne quitta que pendant quelques années pour faire une apparition de 1831 à 1839 dans la politique, comme préfet de Lyon, pair de France, ministre de l'intérieur, ministre de l'agriculture. En 1810, il fit paraître un premier mémoire *Sur le croisement des races* et en 1811 un second mémoire sur *la Gourme des chevaux*. C'était un début qui promettait beaucoup et depuis lors jusqu'au dernier moment de sa vie, il ne cessa un seul instant de travailler pour les progrès de l'agriculture et de composer un grand nombre d'ouvrages agronomiques au nombre desquels il faut surtout citer son *Cours d'agriculture* dont le dernier volume paru après sa mort a été publié par les soins de J. A. Barral. C'est aussi sur l'initiative de ce dernier qu'une souscription publique fut ouverte en 1862 pour élever un monument à ce savant illustre et à ce grand homme de bien qui sut marquer son passage au pouvoir par des mesures tout à fait humaines. En effet le comte de Gasparin apporta en 1836 des améliorations notables dans l'organisation des hospices, dans la législation des aliénés, dans le régime des prisons. Ce fut lui qui notamment supprima la chaîne des forçats et ordonna leur transport au bagne dans des voitures cellulaires. Aussi sa statue qui se dresse sur la place d'Orange depuis le 7 septembre 1864 est bien méritée.

Le comte Adrien de Gasparin a laissé deux fils qui se sont illustrés, l'aîné, le comte Agénor de Gasparin mort en 1876 dans la politique, les lettres et la philosophie; le second, le comte Paul de Gasparin qui vit toujours, dans les études agrologiques qu'il a enrichies de méthodes analytiques nouvelles et ingénieuses.

Gay-Lussac (Auguste-Louis). — Né à Saint-Léonard-le-Noblat, petite ville du Limousin, formant aujourd'hui le département de la Haute-Vienne, le 6 décembre 1778, mort à Paris le 9 mai 1850. Son père Antoine Gay était procureur du Roi, et possédait une terre nommée Lussac. Pour se distinguer de plusieurs membres de sa famille, il ajoutait habituellement ce nom au sien. Le jeune Gay-Lussac était destiné à illustrer cette double appellation que les Prussiens devaient travestir d'une si étrange façon en 1871, lorsqu'ils donnèrent l'ordre de traduire en allemand les dénominations des rues des villes d'Alsace et de Lorraine. C'est ainsi qu'à Mulhouse, la rue Gay-Lussac prit le nom de Rue du Joyeux-Lussac (*Frohlich Lussac straat*)!

Gay-Lussac entra à l'Ecole Polytechnique en 1797. En 1800, il en sortit avec le titre d'élève ingénieur des Ponts et Chaussées. Il préféra abandonner cette carrière et se consacrer aux recherches physiques et chimiques auprès de Berthollet. Nommé peu à près répétiteur de Fourcroy à l'Ecole Polytechnique, il se fit connaître bientôt comme professeur clair et éloquent dans les occasions qu'il eut de le remplacer. Sa première découverte concerne la dilatation des gaz. Il démontra qu'ils se dilatent, quand ils sont entièrement privés d'eau, de la 267e partie de leur volume à 0 degré pour chaque degré centigrade d'augmentation dans la température.

Le 2 août 1804, il fit une première ascension aérostatique avec Biot du Jardin au Conservatoire des arts et métiers pour vérifier s'il n'y avait pas une diminution de la force magnétique à de grandes altitudes. Les deux jeunes savants s'élevèrent à une hauteur de 4000 mètres et affirmèrent que l'aiguille aimantée se comportait à cette élévation comme au niveau du sol.

Le 16 septembre 1804, c'est-à-dire vingt-trois jours après, Gay Lussac entreprit seul une seconde ascension pour vérifier le fait. Il s'éleva à 7016 mètres et constata qu'à cette hauteur une clef approchée de l'aiguille aimantée la déviait comme sur la terre. Cette grande hauteur devait être dépassée quarante-six ans plus tard, le 27 juillet 1850, par Barral et Bixio qui atteignirent 7049 mètres après avoir supporté une température de 39 degrés au-dessous de zéro et avoir vu le mercure de leurs thermomètres à minima se congeler.

Gay-Lussac, en 1807, fut chargé de vérifier expérimentalement les principaux résultats de la théorie analytique de la capillarité. A cette époque Humphry Davy venait de s'immortaliser par la décomposition de la potasse et de la soude à l'aide de la pile. Napoléon s'empressa de mettre à la disposition de l'Ecole polytechnique les fonds nécessaires pour en construire une de dimension colossale. Successivement Gay-Lussac entreprit des recherches sur l'acide chlorhydrique oxygéné, sur les alcools, sur les modes d'analyse animale et végétale, l'iode que Courtois venait de découvrir par hasard (1814), le bleu de Prusse, le cyanogène, l'acide prussique, etc. Esprit philosophique, il a fait faire de grands progrès à la science, en se servant de la physique et de la chimie pour les aider, les compléter l'une et l'autre mutuellement. Il a démontré comment la plus simple qui est la physique éclaire la plus complexe qui est la chimie, et de sa méthode sont nées toutes ces admirables études physico-chimiques qui ont rendu tant de services à la physiologie, à la médecine, à l'industrie. En 1809, il avait épousé une jeune lingère dans les mains de laquelle il avait vu un livre de chimie, en faisant quelques emplettes. Il n'en fallut pas plus pour le décider au mariage. Cette union fut exceptionnellement heureuse et on rapporte que peu de jours avant de mourir Gay-Lussac disait à celle qui avait été pour lui une admirable compagne: « Aimons jusqu'au dernier moment, la sincérité des attachements est le seul bonheur. »

Geoffroy Saint-Hilaire (*Etienne*). — Très grand naturaliste, né à Etampes en 1772, mort à Paris en 1844. Lorsque le 10 juin 1793, un décret de la Convention nationale organisa l'enseignement au Muséum d'histoire naturelle et créa douze chaires dans cet établissement, Etienne Geoffroy Saint-Hilaire fut désigné comme professeur d'histoire des animaux vertébrés. Il hésitait à accepter, ses études ayant porté jusqu'alors plus spécialement sur la minéralogie. Daubenton lui dit : « La zoologie n'a jamais été professée à Paris. Tout est à créer. Osez entreprendre, et faites que dans vingt ans on puisse dire : la zoologie est une science et une science toute française. » Geoffroy Saint-Hilaire céda. Il n'avait que vingt-un ans. On sait avec quelle ampleur il a répondu à l'attente de son conseiller. En 1798, il partit pour l'Egypte comme membre de la Commission scientifique qui accompagna Bonaparte. De retour en France, en 1801, il reprit sa place au Muséum et devint membre de l'Institut en 1807. Les travaux d'Etienne Geoffroy Saint-Hilaire sont très nombreux. Ils se rattachent tous à une idée tout à fait supérieure, celle d'unité de composition organique.

Voici sur Etienne Geoffroy Saint-Hilaire et son action comme savant dans l'Expédition d'Egypte, un document du plus haut intérêt et peu connu. C'est le discours composé par Jomard qui fut son compagnon dans cette campagne scientifique et militaire. et prononcé à l'inauguration de la statue élevée au grand naturaliste, le dimanche 11 octobre 1857, sur l'une des places publiques d'Etampes, dans le département de Seine-et-Oise. Il y a dans cette oraison funèbre des impressions tout à fait personnelles et vécues, sur Napoléon et l'Egypte, qu'il est curieux et instructif de lire. Pour bien apprécier les grands hommes et les grands événements, il faut surtout entendre le récit des savants qui ont eu le privilège de les voir de près et de pouvoir porter un jugement rassis à cinquante-huit ans de distance. On lira ce morceau avec une réelle curiosité, car Jomard a été le dernier survivant de cette admirable et féconde Expédition d'Egypte.

« Messieurs, il appartenait à d'autres qu'à moi de vous entretenir des œuvres d'Etienne Geoffroy Saint-Hilaire, de ses découvertes et de ses doctrines scientifiques : je n'ai à vous parler, dans ce moment, que du compagnon de voyage en Egypte et du collaborateur à l'œuvre de l'Expédition, c'est-à-dire de ce que j'ai su par moi-même et de ce que j'ai vu de mes yeux.

» Quand il partit de France, il y a plus d'un demi-siècle, en compagnie de son frère chéri, le capitaine du génie, Geoffroy-Chateau, il n'était ni le plus jeune, ni le plus âgé de nous tous ; mais déjà il était un maître, et l'Institut d'Egypte le compta dans ses rangs dès le premier jour : il fut même l'un des sept qui en formèrent le noyau. A cet âge heureux de vingt-six ans, quand l'ardeur de la jeunesse se joint à la force d'une haute intelligence, et d'une raison déjà éclairée par l'étude et la science acquise ; quand on marche sous la bannière d'un Monge et d'un Berthollet, et à la voix d'un homme tel que le vainqueur de l'Italie, qui bientôt va fonder une dynastie nouvelle ; quand on foule une terre comme l'Egypte, si pleine de souvenirs et de merveilles ; enfin quand on a dans sa mémoire ce qu'un philosophe comme Aristote a écrit sur la nature du Nil et ses productions, on est presque sûr de marcher de découvertes en découvertes : aussi, voyez ce qu'a créé la jeunesse de Geoffroy Saint-Hilaire, cette fécondité d'écrits préludant si bien aux savants travaux de l'âge mûr et d'un âge plus avancé.

» Par une modestie peu commune, un désintéressement rare chez les écrivains, Etienne Geoffroy Saint-Hilaire a volontairement restreint sa part dans la *Description de l'Egypte*, et, tout en la bornant ainsi, il a pourtant notablement contribué à l'œuvre commune, et a marqué parmi les vingt principaux auteurs des Mémoires. Et, dans le même temps, que de travaux plus considérables encore il méditait ; il achevait même pour l'avancement des sciences !

» Vous parlerai-je de l'homme au cœur chaud et généreux, des sentiments d'amitié qui l'ont constamment uni à ses compagnons de voyage, et surtout aux célèbres naturalistes de l'Expédition, Savigny et Delille, ses émules et ses amis ? Qui fut plus obligeant et meilleur que lui dans les rudes épreuves qui font l'écueil et le danger, et parfois le charme des voyages ; aussi nous disait-il dans nos fraternelles réunions des jardins de Cassim-Bey, dans nos douces causeries sur la patrie absente, sur la dégénération de l'Egypte et dans ces terribles jours de la révolte du Caire, comme plus tard, au retour dans la patrie : *Forsan et hæc olim meminisse juvabit.*

» Représentez-vous un moment Etienne Geoffroy Saint-Hilaire, suivi de son fidèle Tendelti, parvenu avec nous à Philæ, au delà des cataractes, aux limites de l'Empire romain sur le Nil. Pendant qu'on gravait les noms des voyageurs sur les monuments, arrivait l'étonnante nouvelle du départ pour l'Europe de notre chef suprême. L'armée semblait comme abandonnée aux chances du sort, sans guide, sans protection, à la merci de toutes sortes d'ennemis, en présence de tous les dangers; chacun de se récrier, de douter du présent et de l'avenir, d'oublier, en ce jour critique, et la gloire passée, et les moissons déjà cueillies; bientôt peut-être on allait entendre le cri de la plainte et du désespoir : quelle est l'attitude de notre jeune philosophe? Loin d'imiter ce découragement, il s'écrie avec un admirable sang-froid : « Je l'avais prévu, mes amis, je vous l'avais annoncé; » comme s'il eût deviné que la France appelait à son secours le génie réparateur, ou comme s'il eût su les nouvelles secrètes que le général en chef avait reçues d'Italie et de France! Etienne Geoffroy Saint-Hilaire avait, en effet, engagé au Caire un pari, le jour même, où chacun songeait à un simple voyage dans les provinces, où Fourier le croyait, où tous en Egypte, excepté Kléber et un bien petit nombre ignoraient l'événement.

» Qui ne sait qu'il déploya la même sérénité, la même abnégation, le même courage, et lors des aventures dramatiques du brick *l'Oiseau*, et pendant ce long siège d'Alexandrie, enfin lorsque que ses collections avec celles de ses collègues les naturalistes, et toutes les nôtres, furent menacées par l'ennemi de confiscation défendant à la fois l'honneur national, l'intérêt des sciences et la cause de la civilisation ?

» Etienne Geoffroy Saint-Hilaire se montrait infatigable dès avant le voyage de la Thébaïde, comme depuis, comme pendant tout le cours de l'expédition. Ce n'était pas seulement à l'Institut du Caire qu'on le voyait, assidu travailleur, entretenir ses collègues de ses observations toujours pleines de sagacité, notamment sur des points qui déjà faisaient pressentir sa *Théorie des analogues*. Mais on l'a vu encore parcourir le Delta et les provinces et visiter les bords de la mer Rouge.

» Il n'était pas loin des déserts qui séparent l'Afrique de l'Asie, lorsque le général Bonaparte alla reconnaître, découvrit, et signala, *lui-même*, les vestiges de l'*ancien canal des deux mers;* découverte singulière qui a été le premier, le véritable point de départ de tout ce qui se voit et se fait aujourd'hui. Il était écrit, dans la destinée de ce grand homme, que chacun de ses pas serait marqué par une pensée élevée, par quelque chose d'extraordinaire.

» Ombre d'Etienne Geoffroy Saint-Hilaire, s'il vous était donné d'assister au spectacle de ce qui se passe aujourd'hui en Egypte, combien vous vous réjouiriez avec nous de voir un homme de l'Orient, un prince musulman, assez éclairé pour vouloir doter l'Europe chrétienne d'un bienfait attendu depuis des siècles, pour tenter de faire communiquer ensemble la Méditerranée avec le golfe arabique ; que dis-je ? toutes les mers du Nord et de l'Occident avec la mer des Indes et les mers de l'Australie ! Et combien vous seriez heureuse encore de voir l'ardeur scientifique qui pousse les voyageurs, les naturalistes, à la recherche des sources du Nil jusque sous les feux de l'Equateur ! Vous applaudiriez sans doute aux généreux efforts du protecteur de ces glorieuses entreprises.

» Et nous, à qui il a été donné d'avoir assez vécu pour joindre en ce jour solennel un modeste laurier à ceux qui ceignent votre front, nous appelons la jeunesse à suivre vos traces, à imiter les grands exemples qu'ont laissés vos illustres compagnons de voyage, nos maîtres et nos guides, justement honorés comme vous par un monument de la reconnaissance nationale : Monge et Berthollet, Fourier et Conté, Denon et Larrey, et vous, Bertrand, dont le nom est devenu le symbole de la fidélité. Vénérés et glorieux noms, qui consacrent pour toujours le souvenir de l'Expédition d'Egypte à la fin du siècle dernier ! »

Gilbert (*François-Hilaire*). — Agronome et vétérinaire, membre de l'Institut, né en 1757, mort en 1800. Il est connu surtout pour avoir organisé sous le Directoire les Etablissements agricoles de Sceaux, Versailles et de Rambouillet et pour les efforts qu'il fit pour acclimater en France les mérinos d'Espagne.

Girard (*Philippe de*). — Créateur de la machine à filer le lin, né à Lourmain (Vaucluse) en 1775, mort à Paris en 1845. Génie profond, inventif, fécond, il commença par créer les lampes hydrostatiques à niveau constant, pour lesquelles il imagina les globes de verre dépoli, dont l'usage est devenu depuis universel. Il apporta vers la même époque (1804), des modifications à la machine à vapeur qui lui valurent une médaille d'or en 1806. Napoléon ayant proposé en 1810, un prix de un million pour l'inventeur de la meilleure machine pour transformer le lin en toile, Philippe de Girard se mit à la besogne et résolut le problème en quatre mois. Le prix ne fut pas décerné par la Commission (toutes les commissions ne sont bonnes qu'à cela) qui élargit le problème et multiplia les difficultés. Philippe de Girard se remit à l'œuvre et, en 1813, il avait résolu complètement le problème. Cette fois-ci ce furent les événements qui firent ajourner le concours et détruisirent toutes les espérances du malheureux chercheur. Arrêté pour dettes au milieu de sa filature et conduit à Sainte-Pélagie, il offrit ses métiers au Gouvernement de Louis XVIII; mais l'alliance anglaise préoccupait trop la nouvelle dynastie pour qu'elle pût s'engager en faveur de l'industrie française. Philippe de Girard accepta alors les offres généreuses de l'empereur Alexandre Ier et alla fonder, près de Varsovie, une filature qui devint bientôt assez prospère pour donner naissance à une petite ville qui a pris le nom de Girardoff. Philippe de Girard est mort pauvre, bien qu'il ait enrichi la France de beaucoup de millions. C'est seulement en 1853 que le Gouvernement accorda à sa famille une pension annuelle de 12.000 fr. ne représentant pas le quart des intérêts annuels du capital promis. Cependant M. Charles Dupin, président du Jury à l'Exposition de 1849, avait dit dans son Rapport au Président de la République : « La promesse de Napoléon que n'a tenue aucun des régimes postérieurs attend l'arrêt de votre justice. C'est le vœu du jury que la patrie paie enfin sa dette d'honneur et de reconnaissance. »

Grobert. — Né à Alger en 1757, mort après 1814.

Il fit partie de l'expédition d'Égypte en qualité de commandant de l artillerie. Il fut nommé inspecteur des Revues militaires en 1803; lorsque l'invasion de 1814 arriva il eut le commandement du bataillon des Invalides, attaché à la Garde nationale de Paris. et il se conduisit vaillamment. Il était très expert en art militaire. C'est lui qui disait à Bonaparte, en Égypte, que « les Pyramides ne devaient pas être admirées parce qu'elles ne constituaient pas des monuments parfaits et qu'elles seraient désavouées par les artistes les plus médiocres, représentant, non les efforts de l'art, mais la patience et la fatigue d'une nation asservie. » Bonaparte le crut-il ou dédaigna-t-il son opinion? — Dans tous les cas, l'histoire sait qu'il y répondit par la magnifique apostrophe à ses soldats : « Du haut de ces pyramides, n'oubliez pas que dix mille ans vous contemplent! »

Guyton de Morveau (*Louis-Bernard baron*). — Né à Dijon le 14 janvier 1837, mort à Paris le 2 janvier 1816. Guyton de Morveau est un des créateurs de la nomenclature chimique. Il entra à l'Institut lors de sa formation et fut l'un des fondateurs de l'École Polytechnique, où il professa la chimie minérale, avant d'en devenir le directeur. En 1800, Napoléon le fit nommer administrateur général des Monnaies, et en cette qualité, il contribua énergiquement à l établissement du nouveau système monétaire. Il a fait faire quelques progrès aux ascensions aérostatiques.

Hachette (*Jean-Nicolas-Pierre*). — Géomètre de grand talent, mais non de génie. Né en 1769, la même année que Napoléon, mort en 1834. En 1792, il fut employé par Guyton-Morveau pour ses expériences aérostatiques à Meudon et à la bataille de Fleurus, et dès la création de l'École polytechnique, en 1794, il devint l'adjoint de Monge pour la géométrie descriptive et il le suppléa pendant son séjour en Égypte. En 1810, Napoléon le fit nommer professeur à la Faculté des sciences et plus tard il devint membre de l'Institut. Il est connu surtout par la publication de la *Correspondance sur l'École polytechnique*, recueil où sont consignés les principaux travaux des professeurs et des élèves. On lui doit aussi des perfectionnements utiles apportés à la théorie des surfaces et des courbes à double courbure.

Hallé. — Né à Paris en 1754, mort le 11 février 1822. Hallé s'est illustré dans la science médicale et l'hygiène. Durant la Révolution, il resta complètement indifférent à la politique, cependant il ne craignit pas d'aller soigner les malades dans les prisons et d aller défendre Lavoisier devant la Convention. Dès sa fondation, il fit partie de l'Institut. Il suppléa Corvisart aux Tuileries comme médecin ordinaire de Napoléon et le remplaça comme professeur au Collège de France. Il contribua puissamment à la propagande de la vaccine et la défendit devant l'Académie des sciences.

Hassenfratz. — Né à Paris en 1755, mort en 1827, il fut un savant minéralogiste et un ardent révolutionnaire jusqu'en 1795, époque à laquelle il devint professeur à l'École des Mines à la création de cet établissement et sut conserver sa chaire jusqu'à la rentrée des Bourbons en 1814. Il avait d'abord été directeur du laboratoire de chimie de Lavoisier et dans un voyage qu'il avait fait en Allemagne, avant 1789, il y avait étudié l'art pratique des mines dont il fit sa spécialité. Son ouvrage de *Sidérotechnie* ou moyen de traiter les minerais de fer, est un excellent livre.

Haüy (*René-Just*). — Savant de génie, né à Saint-Just (Oise), le 28 février 1743, mort à Paris le 3 juin 1822. Il est le fondateur de la minéralogie expérimentale, et c'est lui qui a établi le principe suivant sur lequel sa base est établie : « La forme cristalline élémentaire d'un corps dépend de la composition chimique de ce corps, et les formes, si différentes en apparence, des cristaux qu'il peut fournir, résultent simplement du mode d'empilement des cristaux primitifs. » C'est Haüy qui a donné l'essor à la chimie minéralogique et qui a conçu la liaison intime entre la composition chimique de chaque corps et la forme des cristaux élémentaires auxquels il donnait naissance.

Haüy était entré à l'Académie des sciences en 1783 et fit partie de l'Institut à sa création. Bonaparte avait voulu l'emmener en Egypte; mais d'une nature timide, casanière, il déclina cet honneur et cette peine et préfera continuer à Paris sa brillante carrière, au Muséum d'histoire naturelle et à l'Institut. C'est Haüy qui a formé l'admirable collection de cristaux qui appartient à l'Ecole des Mines de Paris.

Haüy (*Valentin*). — Célèbre instituteur des aveugles, frère du minéralogiste Just Haüy, né à Saint-Just (Oise) en 1745. mort en 1822, la même année que ce dernier. On avait entrevu la possibilité d'apprendre aux aveugles la musique et la géographie au moyen de notes et de cartes en relief. Haüy généralisant cette idée, l'appliqua à toutes les parties de l'enseignement élémentaire. Il fit imprimer des livres en gros caractères, très sensibles au toucher et apprit ainsi à un jeune aveugle, la lecture, le calcul et les premiers principes de la géographie et de

12

la musique. L'Académie des sciences à laquelle il présenta son élève en fut émerveillée. Il obtint du gouvernement en 1784 avec les fonds nécessaires une maison rue Notre-Dame des Victoires, au n° 18, pour y faire l'éducation de douze élèves. En 1786, le nombre en fut porté à cent vingt. Un arrêté des Consuls, de l'an XI, réunit l'institution des aveugles à celle des Quinze-Vingts. Bonaparte fit décerner à Valentin Haüy une pension annuelle de 2000 fr. avec l'autorisation d'établir une institution privée rue Sainte-Avoye, sous le nom de *Muséum des aveugles*.

Huzard (*Jean-Baptiste*). — Vétérinaire et agronome de grand mérite, né en 1755, mort en 1838. Il entra, étant encore enfant, à l'Ecole d'Alfort, et sous la direction de Bourgelat, il devint répétiteur à seize ans et professeur à dix-huit ans. En 1792, il fut chargé de choisir les chevaux pour la remonte de l'armée et il remplit ces fonctions avec de remarquables aptitudes. Il devint directeur de l'école d'Alfort, puis inspecteur des écoles vétérinaire auxquelles Napoléon attachait une grande importance. Huzard y fit introduire l'enseignement de l'agriculture et il prit en même temps une part active à l'acclimatation en France des moutons mérinos d'Espagne et à l'amélioration de l'espèce chevaline. Dès 1795 il fut compris dans l'organisation de l'Institut.

Jacquard (*Joseph-Marie*). — Né à Lyon le 7 juillet 1752. mort le 7 août 1834, Jacquart est l'inventeur des métiers à tisser qui portent son nom et qui constituent une des plus belles inventions de la mécanique industrielle moderne. C'est en 1790, qu'il conçut l'idée d'un métier supprimant l'opération du tirage, à laquelle il n'avait pu résister à son début dans cette industrie, où il s'était ruiné. Le manque d'argent l'empêcha de réaliser son invention, malgré le dévouement de sa femme qui fut une admirable compagne pour lui et qu'il eut le malheur de perdre prématurément en 1793. Il se mit à travailler le jour et la nuit pour se consoler, taillant avec son couteau les poulies et les bobines de la mécanique dont il avait eu l'idée quelques années plus tôt. Il la termina en 1800 et en fit recevoir le modèle à l'Exposition de l'industrie en 1801. Le jury lui décerna une médaille de bronze. C'est vers cette époque qu'il inventa aussi une machine à fabriquer les filets de pêche. Mandé à Paris par Carnot qui était alors ministre de l'intérieur, il fut placé au Conservatoire des Arts et Métiers pour y réparer les machines de tissage, avec un traitement de trois mille francs. Il ne cessa de perfectionner son métier à tisser, et malgré tous les obstacles et les persécutions, il parvint à faire comprendre aux ouvriers qu'il leur rendait le plus grand des services par son invention en les arrachant au supplice, aux difformités des métiers antiques. Il trouva dans Napoléon un aide puissant. En 1804, par décret impérial il reçut une pension de trois mille francs avec promesse d'une prime de cinquante francs par chaque métier qu'il établirait. A force de persévérance, il sut triompher de tout ce qui s'opposait à la vulgarisation de son métier et dès 1812, la ville de Lyon en comptait un grand nombre. Le mouvement ne devait plus s'arrêter et les ouvriers tisseurs qui avaient voulu le jeter dans le Rhône sous prétexte qu'il ruinait leur industrie, le traitèrent en bienfaiteur.

Janvier (*Aristide*). — Né à Saint-Claude (Jura) en 1751, mort en 1835. Horloger mécanicien, comme beaucoup de ses compatriotes, il ne tarda pas à devenir très habile, et fut choisi par Louis XVI en 1784 pour lui donner des notions dans cet art. Pendant la Révolution, il fut chargé de former une Ecole d'horlogerie, et il créa une pendule à équation pour indiquer l'heure précise dans chaque chef-lieu des départements. En 1789, il avait construit une pendule planétaire, approuvée par l'Académie des sciences et qui fut placée plus tard par l'ordre de Napoléon dans le Salon vert du palais des Tuileries où elle resta jusqu'aux incendies de mai 1871. Aristide Janvier est l'un des auteurs du *Manuel de l'horloger* publié en 1827 dans la collection Roret.

Jomard. — Né à Versailles en 1777, mort le 23 septembre 1862. Il fit partie de la première promotion de l'Ecole polytechnique en 1794 et fut désigné par Monge pour suivre l'Expédition d'Egypte. Il fut chargé de la direction des travaux géodésiques destinés à fournir les éléments de la carte du pays. A son retour il fut chargé de diverses missions. Il fut rappelé à Paris en 1803 par Napoléon, pour mener à bonne fin la publication qui devait préserver de l'oubli les découvertes scientifiques de la Commission d'Egypte.

Jouffroy d'Arbans (*le marquis de*) .— Epris d'amour pour la mécanique dès sa plus tendre enfance, le marquis de Jouffroy, né en 1751 à Roche-sur- Rognon (Haute-Marne), mort à Paris, aux Invalides, d'une atteinte de choléra en 1832, conçut l'idée d'appliquer la vapeur à la navigation fluviale, en visitant la pompe à feu de Châillot qui venait d'être installée par Périer. Il parvint à faire marcher sur le Doubs en juin 1776 un bateau muni d'un appareil qui imitait les procédés des oiseaux aquatiques et qu'il nomma le palmipède. En 1883, il lui substitua les roues à aube et lança le 15 juillet de cette année-là un bateau pourvu de ce nouveau système qui remonta la Saône jusqu'à l'île Barbe. Malgré ce succès constaté, il ne trouva pas de capitalistes et il dut s'en tenir là. Il émigra à l'époque de la Révolution et revint en France au moment du Consulat. Il assista alors aux essais de Fulton et ne songea qu'en 1816 à revendiquer publiquement le mérite de cette découverte. Ses droits ont été établis par Arago et reconnus d'ailleurs par Fulton lui-même.

Jussieu (Antoine-Laurent de). — Né à Lyon en 1748, mort à Paris en 1835, il est le neveu de la famille des Jussieu. Créateur de la science des classifications, il est l'auteur de la méthode naturelle en botanique. C'est en 1788 qu'il a commencé la publication du monument scientifique qui a fait sa réputation : *De genera plantarum secundum ordines naturales disposita.* Dans cet ouvrage, il a distribué 20.000 plantes connues alors en 100 ordres et ces 100 ordres en 1754 genres. Pour constituer ces genres et ces ordres, il a subordonné les caractères les uns aux autres d'après la généralité, l'importance et la fixité qu'ils présentent. Nommé directeur du Muséum par la Convention, ses mauvais yeux l'empêchèrent de faire partie de l'Expédition d'Egypte. Il prit place à l'Institut dès sa fondation et fut nommé en 1806, par Napoléon, membre de l'Université.

La Bergerie (Jean-Baptiste Rougier, baron de) — Agronome éminent, né en 1757, mort en 1836. Riche propriétaire, il s'occupa d'abord d'agriculture pratique. Ayant pris une part active à la Révolution française, mais traqué pendant la Terreur, Carnot le chargea de missions spéciales pour le mettre à l'abri de tout danger. En 1800, Bonaparte le nomma préfet de l'Yonne où il resta jusqu'en 1811. Il devint membre correspondant de l'Institut et s'employa surtout à organiser et à développer les Sociétés départementales d'agriculture. Il est l'auteur d'une excellente *Histoire de l'agriculture française* publiée en 1815 et l'un des meilleurs traducteurs et versificateurs des *Géorgiques* de Virgile.

Lacépède (comte de) — Né à Agen le 26 décembre 1756, mort à Epinay près de Saint-Denis le 6 octobre 1825. Il débuta de bonne heure dans la carrière scientifique par la publication, en 1788, quelques mois avant la mort de Buffon de l'*Histoire des quadrupèdes ovipares*, suivie l'année suivante de l'*Histoire des serpents*. Il accepta avec empressement les idées nouvelles de la Révolution française, bien qu'il appartînt à une très ancienne noblesse. Nommé professeur au Muséum, il y obtint un grand succès auquel il dut de faire bientôt partie de l'Institut. De 1798 à 1803 il fit paraître son *Histoire des papillons* et son *Histoire des cétacés*. Napoléon qui recherchait partout les hommes de science pour les mettre dans son Gouvernement, le nomma sénateur en 1799, titulaire de la sénatorerie de Paris en 1804, ministre d'Etat la même année, puis grand chancelier de la Légion d'Honneur. Il se fit dans ces diverses fonctions la réputation d'un administrateur aussi habile qu'intègre et bienveillant, en y employant les qualités de méthode, d'ordre et d'exactitude qu'il mettait dans les sciences.

Lacroix (François-Sylvestre). — Né à Paris en 1765, mort en 1843. Il a beaucoup contribué à populariser les mathématiques par son enseignement et ses ouvrages ; mais il n'a point fait de découvertes importantes. Successivement professeur à l'Ecole militaire, à l'Ecole normale, à l'Ecole polytechnique, au Collège de France, à la Faculté des sciences de Paris, il était quand il mourut le doyen du corps professoral en France.

Laennec. — Né à Quimper en 1781, mort à Kerlouance le 13 août 1826. En 1805, il démontra d'une manière irréfutable la véritable nature des kystes hydatides, et quelques années plus tard, il fit une découverte du plus haut intérêt, celle de l'auscultation qui, à juste titre, a immortalisé son nom. C'est Laennec qui a ouvert une voie toute nouvelle dans la science de l'exploration médicale, surtout pour les maladies du cœur, des poumons, pour les épanchements thoraciques. Avec un tact admirable et une précision toute mathématique, Laennec a montré à distinguer des bruits d'abord confus, puis à les isoler, les analyser et à donner à chacun d'eux un nom, un caractère, une valeur symptomatique. L'instrument acoustique qu'il a inventé et désigné sous le nom de stéthoscope a permis de perfectionner beaucoup sa méthode exploratrice.

Lagrange (*Joseph-Louis*). Illustre géomètre né à Turin en 1736, mort à Paris le 10 avril 1813. Son père qui avait joui d'une assez grande fortune s'était ruiné dans des entreprises hasardeuses. Lagrange considérait philosophiquement ce malheur comme l'origine de tout ce qui lui était arrivé ensuite d'heureux. « Si j'avais eu de la fortune, disait-il, je n'aurais probablement pas fait mon état des mathématiques; et dans quelle carrière aurais-je trouvé les mêmes avantages? » Lagrange, en effet, a imprimé les traces de son génie à toutes les branches des mathématiques, depuis la trigonométrie sphérique, à laquelle il donna la forme analytique qu'elle a conservée, et qu'il enrichit de théorèmes nouveaux, jusqu'à la mécanique céleste dans ce qu'elle a de plus élevé.

Lorsque le Piémont fut réuni à la France, un commissaire extraordinrire de la République fut envoyé à son père, alors âgé de quatre-vingt-dix ans, pour le complimenter au nom du Directoire. Napoléon nomma Lagrange successivement sénateur, grand officier de la Légion d'honneur, comte. Après sa mort, ses restes furent transportés au Panthéon. Son éloge fut prononcé par Laplace au nom du Sénat et par Lacépède au nom de l'Institut.

Lalande (*Jérôme*). Né à Bourg-en-Bresse le 11 juillet 1732, mort à Paris le 4 avril 1807. Astronome de très haut mérite, mais non de génie. Il a beaucoup fait pour augmenter la popularité de cette science, mais il ne l'a pas beaucoup enrichie par ses découvertes. Il eut des démêlés avec Napoléon, qui n'aimait point ses excentricités et se refusait à approuver l'athéisme dont il faisait volontiers parade. Il le traita même trop durement à ce sujet, ainsi que nous l'avons rapporté à la page 87. Il eut l'air de se soumettre à la volonté de Napoléon, mais au fond il ne se résigna point. C'est lui qui disait : « Je suis toile cirée pour les injures et éponge pour les louanges. »

Lamarck. — Né en 1744, mort le 18 décembre 1829. Naturaliste de génie, le promoteur de la doctrine appelée depuis lors transformisme. C'est lui qui substitua le premier la dénomination juste d'*animaux sans vertèbres à celle d'animaux à sang blanc* attribuée improprement aux insectes et aux vers par Linné. Membre de l'Institut et professeur au Muséum d'histoire naturelle, disciple aimé de Buffon, il ne prit aucune part aux événements politiques de son temps et resta confiné dans la science. Le nom de Lamarck a beaucoup grandi depuis sa mort; il est considéré à juste titre comme ayant apporté un esprit très révolutionnaire et très fécond dans les études naturelles.

Lamblardie (*Jacques-Élie-François*). — Né à Loches en 1747, mort à Paris en 1797. C'est lui qui vint proposer à Monge l'établissement de l'École centrale des travaux publics. Monge approuva son idée et la présenta à la Convention qui décréta la création de cette École qui devint en 1795 l'École polytechnique. Lamblardie en fut un des premiers professeurs. C'était un ingénieur hydrographe des plus distingués et comme tel, il établit les écluses des ports de Dieppe et du Tréport et construisit le pont à bascule du port du Havre.

Lancret (*Michel-Ange*). Né en 1774, mort à Paris en 1807. Ingénieur très distingué, il fut désigné par Napoléon pour faire partie de l'Expédition d'Égypte, à sa sortie de l'École polytechnique. Il y rendit de grands services comme ingénieur. Il devint membre de l'Institut du Caire, puis commissaire près de la Commission chargée de la publication du grand ouvrage qui devait comprendre tous les documents historiques et scientifiques recueillis en Égypte. Il fut le collaborateur heureux de Monge dans les théories générales sur les surfaces et les courbes à double courbure.

Laplace (*Pierre-Simon, marquis de*). Grand physicien et grand géomètre, fils de paysan, né à Beaumont-en-Auge (Calvados), le 28 mars 1749, mort à Paris le 5 mars 1827. Il prit part à l'organisation de l'École polytechnique, de l'École normale. Membre de l'ancienne Académie des Sciences, il fit partie de l'Institut lors de sa création. Il avait commencé par professer les mathématiques dans sa ville natale; ayant exécuté de nombreux travaux scientifiques en 1784, il avait succédé à Bezout, comme examinateur du corps de l'artillerie. Il présidait en 1796 la députation chargée de présenter au conseil des Cinq-Cents le rapport sur les progrès des sciences. Bonaparte lui confia le ministère de l'intérieur après le 18 brumaire, mais il reconnut bientôt qu'il apportait dans ses fonctions l'*esprit des infiniment petits* et au bout de six semaines, il le remplaça par son frère Lucien. Laplace qui était un savant de génie, mais un médiocre homme d'État, garda toujours rancune à Napoléon, malgré que celui-ci le fit entrer au Sénat en 1799. Il vota la déchéance de l'Empereur en 1814. Aussitôt la Restauration le fit pair de France et marquis.

Laplace a abordé avec autant de bonheur que de hardiesse le sublime problème de l'ordre éternel des cieux, nié par Euler et dont Newton doutait. Ses recherches ont établi que les orbites des planètes varient continuellement; que leurs grands axes tournent incessamment autour du soleil, pôle commun; que leurs plans éprouvent un déplacement continu; mais qu'au milieu de ce désordre apparaît un élément important de chaque orbite : la longueur de son grand axe dont dépend la révolution péridioque et qui maintient l'ordre perpétuel.

Larrey (Dominique-Jean, baron). — Né à Baudéan près de Bagnères-de-Bigorre en 1766, mort à Lyon en 1842. On raconte qu'il commença ses études médicales à l'âge de treize ans; après les avoir terminées à Toulouse, sous la direction de son oncle, le Dr Larrey, il vint à Paris en 1787. Il entreprit alors un voyage en Amérique en qualité d'aide-chirurgien, et à son retour en France en 1792, il fut nommé aide-major à l'armée du Rhin. Il fit partie de l'Expédition d'Égypte et devint chirurgien en chef de la grande armée qu'il suivit partout jusqu'à Waterloo où il fut blessé et fait prisonnier. Il serait long de rappeler sa vie et ses éclatants services. On l'a justement appelé l'Ambroise Paré des temps modernes. Il peut être regardé comme l'organisateur de la chirurgie militaire en France et le système qu'il a établi a servi de modèle à la plupart des armées européennes. C'est lui qui a créé les ambulances volantes; il a simplifié les pansements, généralisé l'emploi du linge fenêtré, adopté les appareils inamovibles dans les fractures, exposé les premières indications précises du trépan et les soins à donner aux phénomènes consécutifs des plaies de tête. Larrey a été une véritable providence pour le soldat. Napoléon avait pour lui une estime toute particulière et dans son testament daté de Longwood, île de Sainte-Hélène, en date du 15 avril 1821, il lui rendit un hommage immortel aussi juste que mérité en écrivant : « *Je lègue au chirurgien en chef Larrey cent mille francs. C'est l'homme le plus vertueux que j'ai connu.* » Il fut membre de l'Institut de France, de l'Académie de médecine, de l'Institut d'Égypte et de presque tous les corps savants de l'étranger. Il a laissé un très grand nombre de travaux et d'écrits et il a prononcé de magnifiques discours aux obsèques des chirurgiens Pelletan et Dupuytren et du célèbre médecin Broussais.

Son frère Claude-François-Hilaire Larrey (né à Baudéan en 1774, mort à Nîmes en 1819), d'abord chirurgien-major, puis chirurgien-chef de l'Hôpital civil et militaire de Nîmes, a beaucoup contribué à propager la vaccine dans son département. — Son fils, le baron Félix-Hippolyte Larrey, né à Paris en 1808, est une des gloires de la chirurgie moderne. En 1831, il fut le collaborateur de son père le baron Larrey qui avait été appelé à Bruxelles pour y organiser le service de santé de l'armée belge; il entra à l'armée du Nord et assista au siège d'Anvers comme aide-major de l'ambulance de la tranchée. Nommé chirurgien en chef de l'armée d'Italie en 1859, il rendit les plus grands services par son esprit d'organisation et les précautions qu'il fit prendre pour prévenir les effets désastreux de l'encombrement, cause première des épidémies. Lors de la bataille de Solférino, son cheval fut atteint d'un coup de feu en plein poitrail et il courut les plus grands dangers, en se multipliant dans tous les rangs de l'armée. Il fut alors nommé commandeur de la Légion d'honneur. Comme son père, il est l'auteur d'une quantité considérable d'inventions chirurgicales et d'écrits; comme lui il appartient à l'Institut et à l'Académie de médecine. Comme lui, enfin, il mérite bien de la patrie, de la science et de l'humanité.

Lassus (*Pierre*). — Chirurgien né en 1741, mort en 1807. Il faut noter surtout de Pierre Lassus sa *Pathologie chirurgicale* publiée en 1806. Médecin des deux filles de Louis XV, il suivit les princesses en exil pendant les années les plus ardentes de la Révolution, et il profita de ses voyages pour étudier dans les hôpitaux de l'étranger les opérations des meilleurs maîtres, se lia avec eux et rassembla ainsi un grand nombre de documents chirurgicaux. Quaud il rentra en France, il fut nommé membre de l'Institut, devint le secrétaire perpétuel de l'Académie des sciences, et sur la recommandation instante de Fourcroy, Napoléon le nomma professeur de médecine légale, puis de pathologie externe à la Faculté de médecine de Paris.

Lebon (*Philippe*). — Né à Brachay (Haute-Marne) en 1769, la même année que Bonaparte avec lequel il avait une grande ressemblance physique, Philippe Lebon, l'inventeur de l'éclairage au gaz, mourut assassiné, dans les Champs-Elysées, en 1804, le jour du couronnement de Napoléon, sans qu'on ait jamais pu découvrir les meurtriers. Il avait de Bonaparte la même figure pâle, méditative, illuminée par des yeux de feu ; les mêmes cheveux tombants et plats sur le front ; le même habit boutonné et à grands revers ; la même taille mince, plus élevée, mais un peu courbée par l'habitude du travail assis. Philippe Lebon avait pris le 21 septembre 1799 un brevet d'invention pour de nouveaux moyens d'employer les combustibles, soit pour le chauffage, soit pour l'éclairage et d'en recueillir divers produits. Il donna à ses appareils le nom de thermolampes et invita tout Paris à venir apprécier les résultats de son invention. Le succès fut énorme, bien que la lumière ne fût pas brillante comme aujourd'hui et que l'odeur fût nauséabonde. Lebon se remit à l'œuvre et Bonaparte lui fit concéder une forêt de pins sise à Rouvray près du Havre pour qu'il pût entreprendre ces applications sur une grande échelle. La mort qui le surprit si dramatiquement interrompit ces intéressantes recherches qui ne furent reprises en France que bien plus tard, vers 1820, lorsque l'Angleterre eut mis en pratique les procédés de Lebon. Cependant le 21 décembre 1811 un décret de Napoléon, contresigné par M. de Montalivet, ministre de l'intérieur, avait accordé une pension de 1 200 francs à Françoise-Thérèse-Cornélie de Brombilla, veuve du malheureux inventeur.

Le Gallois. — Médecin expérimentateur du plus haut mérite, né en 1774, mort en 1814. Il est connu par ses belles recherches sur le principe de la vie, notamment sur celui des mouvements du cœur. Il fut nommé médecin de Bicêtre par Napoléon, en 1813.

Legendre (*Adrien-Marie*). — Géomètre célèbre, né à Paris de parents peu aisés, le 18 septembre 1752, mort à Auteuil le 9 janvier 1834. Ses *Eléments de géométrie* constituent un chef-d'œuvre. Publiés en 1794 le succès en fut énorme et vint assurer à son auteur l'existence matérielle et le mit pour toujours à l'abri du besoin. Nommé successivement membre de l'Académie des sciences, examinateur à l'Ecole polytechnique, Legendre qui était d'une excessive réserve fut un des rares savants que Napoléon oublia presque tout à fait. Cependant, en 1808, à la création de l'Université, il en fut nommé conseiller titulaire.

Légion d'honneur. — La Révolution française avec raison avait supprimé tous les ordres de chevalerie. Bonaparte dans un but de gouvernement crut devoir en rétablir un dans l'institution de la Légion d'honneur (mai 1802,) avec le but de récompenser les services civils aussi bien que les services militaires pour les confondre dans la même gloire, comme la nation les confondrait dans sa reconnaissance. Cette proposition souleva une vive opposition à son début et fut si médiocrement accueillie que les premiers Légionnaires n'osèrent pas tout de suite porter en évidence leur ruban. Quoi qu'il en soit, cette distinction devint très recherchée et sa popularité n'a cessé de naître. Napoléon, dans tous les cas, ne s'en est jamais servi que pour récompenser des actions d'éclat, de grands mérites, des illustrations de tous les genres. Mais depuis... *Quantum mutata ab illâ !*

Lebreton (Jacques-Alexandre-Exupère). — Né à Paris en 1784, mort en 1857. Il fut un très habile médecin accoucheur, appartenant à l'école du célèbre Antoine Dubois. Il est connu par ses études expérimentales sur les applications fréquentes et nécessaires du forceps. C'est en 1810 qu'il publia son premier travail sur ce sujet. Son *Manuel opératoire pour chaque espèce d'accouchement* est resté classique.

Lefèvre-Gineau. — Né en 1754, mort en 1829. Mathématicien et physicien, son titre principal est d'avoir fait partie de la Commission chargée de l'établissement du système décimal. Il fut nommé par Napoléon l'un des quatre inspecteurs généraux de l'Université. Il a été un des premiers professeurs de physique expérimentale au Collège de France.

Lelièvre (Claude-Hugues). — Chimiste, né à Paris en 1752, mort en 1835. Il est l'auteur d'un grand nombre de recherches sur les mines qui lui ouvrirent les portes de l'Institut. Napoléon pour le récompenser de ses beaux travaux pour extraire la soude du sel marin, le nomma inspecteur général des centres miniers de France.

Lemonnier (Pierre-Charles). — Né à Paris en 1715, mort en 1799. Il fut l'astronome privilégié de Louis XV qui lui donna une collection d'instruments et lui fournit les moyens d'avoir un observatoire particulier. En 1735, il indiqua la correction à faire à la valeur observée du diamètre vertical de la lune; en 1738, il fixa la hauteur du pôle à l'Observatoire de Paris; en 1743, il corrigea la valeur adoptée avant lui pour la diminution séculaire de l'obliquité de l'écliptique. De 1766 à sa mort, il a donné une infinité d'observations utiles à connaître pour les éclipses, les passages, etc. Il mourut au moment où Monge faisait des démarches auprès de lui pour le comprendre dans la commission scientifique de l'Expédition d'Egypte.

Leroy (*Julien-David*). — Né à Paris en 1728, mort en 1803, architecte et ingénieur, Leroy s'est illustré par ses belles publications sur les ruines des monuments grecs et la création des Naupotames, navires destinés ; à naviguer sur la mer comme sur les fleuves. Napoléon eut la velléité de s'en servir pour franchir le Pas-de-Calais avec son armée.

Leroy (*Jacques-Agathange*). — Médecin, né en 1734, mort en 1812. Il était à 25 ans, pharmacien en chef aux armées, il se consacra plus spécialement à la médecine. Il est connu par ses essais sur l'usage et l'effet du garou et son *Traité des maladies aiguës*.

Leroy (*Alphonse*). — Accoucheur très habile, professeur à la Faculté de médecine de Paris, né en 1742, mort en 1816. Il est le premier qui ait pratiqué la section de la symphise pubienne, ce qui lui valut beaucoup d'ennemis. Il a fait faire des progrès incontestés à la pratique des accouchements et s'est beaucoup occupé des questions de nutrition, de médecine maternelle et des maladies infantiles.

Leroy (*Charles-François-Antoine*). — Mathématicien éminent, né en 1780, mort en 1854. Il devint de bonne heure professeur à l'Ecole polytechnique vers laquelle Napoléon poussait les jeunes gens qui montraient des dispositions spéciales. Il est l'auteur d'un *Traité de Stéréotomie*.

Lycée. — L'origine des lycées date du mois de mai

1802. Le premier Consul ordonna la création de 32 établissements portant ce nom emprunté à l'antiquité, et qui devaient être des pensionnats où la jeunesse casernée et retenue pendant les principales années de l'adolescence devait subir la double influence d'une forte instruction littéraire et d'une éducation mâle, sévère, suffisamment religieuse, tout à fait militaire, au son du tambour, modelé sur le régime de l'égalité civile. Il voulut y établir l'ancienne règle classique qui assignait aux langues anciennes la première place, ne donnait la seconde qu'aux sciences mathématiques et physiques, laissant aux Ecoles spéciales le soin d'achever l'enseignement des dernières. Bonaparte avait raison en cela comme dans le reste, dit M. Thiers. L'étude des langues mortes n'est pas seulement une étude de mots, mais encore une étude de choses. C'est l'observation de l'antiquité avec ses lois, ses mœurs, ses arts, son histoire, sa morale si fortement instructive. Il n'y a qu'un âge pour apprendre tout cela, c'est l'enfance. La jeunesse une fois venue avec ses passions, avec son penchant à l'exagération et au faux goût, l'âge mûr avec ses intérêts si positifs, la vie se passe sans qu'on ait donné un moment à l'étude d'un monde mort comme les langues qui nous en ouvrent l'entrée. Pour encourager les familles à confier leurs enfants aux Lycés, Bonaparte créa un grand nombre de bourses.

Maleville (*Pierre-Joseph, marquis de*). — Né en 1778, mort à Paris en 1832. Bien qu'il ne fût pas un des approbateurs du coup d'Etat du 18 brumaire, Napoléon ne refusa pas de l'accepter comme un des commissaires chargés avec Portalis, Tronchet, Bigot de Préameneu, de préparer un projet de Code civil.

Il se montra dans les délibérations, défenseur des maximes du droit romain, de la puissance paternelle, du régime dotal, de la faculté de tester, adversaire de l'adoption et du divorce. Il contribua à donner à nos lois ce caractère scientifique et autoritaire qu'elles possèdent à un trop haut degré pour gouverner justement les hommes dont la nature et les passions sont essentiellement variables.

Malte-Brun. — Géographe, le fondateur de la Géographie scientifique, né à Trye (Jutland-Danemark) en 1775, mort à Paris en 1825. Il se livra d'abord à la poésie, puis à la politique et embrassa avec ardeur les idées nouvelles de la Révolution française et prit la plume pour les soutenir. Condamné à un exil perpétuel, il se réfugia en France et en 1803, il s'associa avec Mentelle et Herbin pour la publication de la *Géographie mathématique, physique et politique de toutes les parties du monde*, magnifique ouvrage en 16 volumes avec atlas. C'est alors que Malte Brun qui s'appelait Malte-Conrad Bruny francisa son nom pour signer cet ouvrage dont le tiers seulement, mais la partie la plus remarquable, celle qui est consacrée à la géographie mathématique lui appartient. « Il n'y a que deux Français qui sachent la géographie, disait-on de son temps. Napoléon le Corse, pour l'avoir apprise dans ses courses victorieuses à travers le monde, et Malte-Brun le Danois. » — Malte-Brun est le père de V. A. Malte-Brun qui, né en 1816, a continué dignement les traditions dont il avait la garde.

Malus (Etienne-Louis). — Né en 1775 à Paris, mort en 1812. Il fit partie de l'Expédition d'Egypte et il y rendit de grands services, comme militaire et comme savant. Il est célèbre surtout par ses travaux d'optique, sur les phénomènes de réflexion de la lumière et les moyens de reconnaître la polarisation d'un faisceau lumineux. Membre de l'Institut du Caire et de l'Institut de France, il fut aussi un des membres de la Société d'Arcueil fondée par Laplace, Monge, Berthollet, etc.

Méchain. — Né à Laon en 1744, mort en Espagne vers le 20 septembre 1804. Astronome, membre de l'Académie des Sciences, directeur de l'Observatoire. Il fit des études mathématiques sous la direction de Lalande. Nommé ingénieur hydrographe du Dépôt des cartes de la Marine à Versailles, il s'adonnait pendant la nuit à ses goûts pour l'astronomie. Son grand titre de gloire est d'avoir repris, en 1791, la mesure du méridien terrestre pour l'établissement du système métrique.

Mentelle (*Edme*). — Géographe et historien, né à Paris en 1730, mort en 1815. Il fut compris sur la liste des savants auxquels la Convention accorda des encouragements pécuniaires; il devint membre de l'Institut dès la création de ce corps. Tous ses ouvrages furent classiques de son temps. Le remaniement complet des cartes de l'Europe a enlevé de la valeur à ses livres; mais on ne peut lui enlever le mérite d'avoir, le premier, donné un grand développement aux études géographiques et cherché à combiner la géographie avec l'histoire.

Son frère François-Simon Mentelle fut un ingénieur des plus remarquables. Né à Paris en 1731, il mourut en 1799 à Cayenne qu'il habitait depuis 1763. Ses travaux sur la Guyane ont été les premiers à faire connaître les ressources encore mal employées de cette colonie française.

Messier (*Charles*). — Astronome né à Badonvillers

(Lorraine) le 26 juin 1730, mort à Paris le 11 avril 1817. Il fut un des plus féconds et sagaces observateurs de son temps. Le nombre des comètes qu'il a enregistrées est tellement considérable que son nom devint synonyme de collection d'étoiles. « On appelle *Messier* en français, a écrit Lalande, celui qui est préposé à la garde des moissons ou des trésors de la terre. Ce nom semble naturellement se lier avec celui de M. Messier, notre plus infatigable observateur, qui, depuis plus de vingt ans est comme préposé à la garde du ciel et à la découverte des comètes. Charles Messier n'a composé aucun ouvrage, tous ses écrits sont disséminés dans la *Connaissance des temps* et les *Mémoires* de l'Académie des Sciences et de l'Institut de France dont il était membre. Il n'a publié à part qu'une brochure qui fit quelque sensation sous le titre de : *Grande Comète qui a paru à la naissance de Napoléon le Grand.*

Mimerel (Pierre-Auguste-Remi). — Né en 1786, mort en 1869. Lancé de bonne heure dans les affaires industrielles, sous le règne de Napoléon il fonda à Roubaix, beaucoup plus tard et seulement sous l'influence de Napoléon III, une filature de coton qui prit un développement considérable et servit de modèle à tous les établissements du même genre qui se sont créés dans le nord de la France et ont constitué une des richesses de cette région.

Ministère des manufactures et du commerce. — C'est sous le règne de Louis XIV que s'élevèrent en France les premières manufactures. Grâce aux encouragements et au génie de Colbert et malgré les réglementations exagérées dont il les entoura, elles prirent un développement considérable. Louis XIV par son inepte intolérance vint leur porter par la révocation de l'Edit de Nantes, un coup funeste, en forçant à s'expatrier la plupart de nos industriels. La Révolution française rendit à l'industrie sa liberté naturelle et la Convention prit les mesures les plus efficaces pour ramener en France les enfants et les petits-enfants de ces exilés. Napoléon voulut qu'un ministère spécial fût consacré à l'extension de nos fabriques et le Ministère des *Manufactures et du Commerce* fut créé.

Mirbel (*Charles-François Brisseau de*). — Grand botaniste, né à Paris en 1776, mort en 1854. Il s'est illustré par de nombreux travaux d'anatomie et de physiologie végétale ; il appliqua le premier le microscope à l'étude des tissus des plantes et c'est lui qui a fait connaître la structure de l'ovule ainsi que le développement de ses diverses parties. Il fut directeur général des Jardins et des Serres sous l'Empire. Membre de l'Institut en 1808, il devint bientôt après professeur à la Faculté des sciences de Paris.

Molard (*Pierre-Claude*). — Né aux Cernoises (Jura) en 1758, mort à Paris en 1837. Il fut d'abord directeur des machines léguées à l'Etat par Vaucanson et devint en 1801 administrateur en chef du Conservatoire des Arts et Métiers, à la fondation duquel il avait pris une grande part. En 1815, il remplaça Napoléon à l'Institut de France, lorsque l'Empereur eut donné sa démission, dégoûté qu'il était des palinodies de la majorité de ses collègues. Molard avait l'esprit très inventif ; il est le créateur d'un grand nombre de procédés industriels et de machines : métier à tisser le linge damassé, moulin à meules plates pour concasser le grain, machine à forer les canons de fusil, pétrins tournants pour la panification, plans parallèles dont Malus se servit pour ses expériences sur la réfraction de la lumière.

Son frère François-Emmanuel Molard (1774-1829) fut aussi un ingénieur de haut mérite. Il fut d'abord sous-directeur de l'Ecole des aérostiers de Meudon, puis directeur de l'Ecole des Arts et Métiers de Compiègne transportée plus tard à Châlons-sur-Marne en 1805. Puis en 1811, il reçut la mission d'organiser un établissement du même genre à Angers, qu'il quitta pour prendre la sous-direction du Conservatoire des arts et métiers, à Paris où, à côté de son frère, il appliqua les plus heureuses inventions industrielles.

Monge (*Gaspard*). — Né à Beaune en 1746, mort à Paris en 1818. Grand géomètre, principal fondateur de l'Ecole polytechnique, organisateur de l'Institut du Caire, Gaspard Monge est resté le type du savant accompli, de l'ami dévoué, du chef de famille excellent. En dehors, il a éprouvé trois grandes passions, pour Berthollet, pour Bonaparte et pour ses élèves. Il embrassa avec enthousiasme la cause de la Révolution. Après le 10 août 1790, l'Assemblée législative lui confia le protefeuille de la marine, qu'il conserva jusqu'en avril 1793 sans cesser son enseignement public. Son passage aux affaires fut signalé par un redoublement d'activité dans tous les ports de France. Il fit partie en 1795, de la commission chargée de choisir les chefs-d'œuvre cédés par le pape à la France. Il retourna à Rome l'année suivante, pour y coopérer à l'établissement de la République. C'est là qu'il se lia avec Bonaparte d'une amitié désintéressée que rien ne put altérer. Membre de l'expédition d'Egypte, il fut l'âme de toutes les recherches scientifiques. C'est lui qui trouva l'explication du mirage, phénomène totalement inconnu en Europe et qui présentant aux yeux des soldats harassés et mourant de soif la vaine apparence d'une nappe d'eau qui fuyait à mesure qu'ils approchaient, les égarait loin des colonnes et causait la mort de beaucoup d'entre eux. Il explora les ruines de Péluse dont il reçut plus tard le nom comme titre de noblesse. A son retour en France, il consacra son temps à mettre en ordre tous les documents rapportés et il reprit ses fonctions de professeur à l'Ecole polytechnique. Il eut souvent à défendre ses élèves contre les préventions de Bonaparte ; on le vit lutter sans succès pour qu'ils ne fussent point casernés, et abandonner souvent son traitement et sa pension de retraite aux élèves sans fortune. Déjà sous la Convention, Malus. Biot et quelques autres de leurs camarades avaient eu à encourir la colère du gouvernement. « Si vous renvoyez ces élèves, dit Monge au Consul, je quitte l'Ecole. » Plus tard en 1804 les Polytechniciens refusèrent leurs félicitations au nouvel Empereur. « Eh bien, Monge, dit Napoléon, vos élèves sont presque tous en révolte contre moi; ils se déclarent décidément mes ennemis. — Sire, répondit Monge, nous avons eu bien de la peine à en faire des républicains ; laissez-leur le temps de devenir impérialistes. D'ailleurs, permettez-moi de vous le dire, vous avez tourné un peu court. » Une bonté naïve jointe à un penchant prononcé à l'enthousiasme, était le trait saillant de son caractère. Il fut l'ami intime de Berthollet, esprit plus froid. Après la première abdication il se laissa entraîner dans la réaction et quand Napoléon l'apprit : « Tout le monde m'abandonne, même Berthollet, dit-il, sur qui j'avais le droit de tant compter ! » Berthollet, eut un grand chagrin de sa faiblesse et au retour de l'île d'Elbe, il supplia Monge de faire une démarche auprès de l'Empereur pour obtenir son pardon. « Que l'Empereur me sourie, s'écriait-il, ou je me tuerai. » Berthollet fut admis aux Tuileries pendant les Cent jours. Napoléon lui accorda un sourire en passant auprès de lui et ce fut tout.

Les efforts de Monge ont porté spécialement sur le perfectionnement des méthodes. C'est pour cela que son influence sur le progrès des sciences mathématiques a été considérable. Son œuvre comprend trois découvertes principales : 1° la création de la géométrie descriptive : 2° la découverte de la loi appelée principe des relations contingentes ou principe de continuité ; 3° la solution de la question difficile de l'intégration des équations aux différentielles partielles.

On a nommé Monge avec raison le père de la géométrie moderne. N'oublions pas d'ajouter que c'est lui qui pendant les guerres de la première République eut l'idée d'aller chercher le nitre ou salpêtre dans les caves, dans les écuries, dans les décombres des vieux murs. A cette époque, quand il était à la marine, il consacra une partie de ses journées à visiter les fonderies pour activer la fabrication des canons dont on avait tant besoin et ses nuits à composer des notices explicatives pour diriger les ouvriers.

Monge aimait tellement Napoléon que le moindre revers essuyé par son incomparable ami l'anéantissait. C'est ainsi que la longueur du siège de Saint-Jean d'Acre faillit lui coûter la vie, qu'il eut une attaque d'apoplexie à la nouvelle des désastres de Russie et que la chute de l'Empire lui enleva ses facultés intellectuelles et le conduisit promptement à la mort.

Mongez (Antoine). — Né à Lyon en 1747, mort à Paris en 1835. Archéologue de plus haut mérite, commissaire du gouvernement auprès de l'administration des monnaies en 1792, membre de l'Institut en 1796. Il a été un des promoteurs du système monétaire moderne. Son frère Jean-André Mongez (1751-1788) rédigea à partir de 1779 *Le Journal de physique* et fit partie en 1785, comme aumônier et comme naturaliste de l'expédition de La Pérouse et partagea le sort du célèbre marin.

Montalembert (Marc-René, marquis de). — Célèbre comme ingénieur militaire et pour ses travaux sur l'art des fortifications. Carnot avait une grande idée de sa valeur, et il l'appela souvent à venir au Comité des opérations militaires pour l'aider de ses conseils. Le marquis de Montalembert perfectionna le système de Vauban pour la fortification des places, inventa des affûts perfectionnés pour l'artillerie de terre et de mer. Son ouvrage capital est un chef-d'œuvre. Publié sous le titre de *Fortification perpendiculaire*, il forme 11 vol. in-4° avec 164 planches et il coûta à son auteur une grande partie de sa fortune pour payer les frais de cette luxueuse publication. Le marquis de Montalembert était membre de l'Académie des sciences depuis 1747 ; quand elle fut supprimée et comprise dans la réorganisation de l'Institut, il fut proposé ; il se retira devant la candidature de Bonaparte qui estimait ses talents sans partager ses idées militaires sur l'art défensif que Montalembert prétendait supérieur à l'art offensif.

Montgolfier (Joseph-Michel). — Né à Vidalon-les-Annonay (Ardèche) le 26 août 1740, mort à Balaruc le 26 juin 1810. Inventeur de l'aérostat dit montgolfière. Esprit ingénieux, chercheur, réservé, modeste et indépendant, tourmenté spécialement par ses études sur l'hydraulique et la navigation aérienne, il fut, comme Watt pour la vapeur et bien d'autres pour leurs découvertes, mis par une expérience vulgaire sur la voie qui conduit au but désiré. La vue d'une chemise que l'on chauffait au dessus de la flamme qui se gonflait et tendait à s'élever, fut pour lui l'occasion décisive. Il fut secondé par son frère Etienne (1745-1799) dans la réalisation de son rêve. Après une expérience faite à Avignon par Joseph, sur un parallélipipède de taffetas, les deux frères parvinrent à enlever un ballon de grandeur médiocre, puis un autre plus grand. Les deux frères saisirent l'occasion de la réunion des Etats du Vivarais à Annonay pour répéter publiquement leur essai. Il réussit à souhait et les Etats consignèrent dans leur procès-verbal le 5 juin 1783, cette découverte dont l'honneur devait rejaillir sur la province et tout le nom français.

C'est Etienne qui vint à Paris rendre compte à l'Académie des sciences des moyens qu'ils avaient employés pour s'élever dans les airs. L'Académie jugea que la découverte était complète quant au principe. et elle plaça le 20 août 1783 par acclamation, les deux frères sur la liste de ses correspondants, et leur accorda comme à des savants auxquels on doit un art nouveau qui fera époque dans l'histoire des connaissances humaines, le prix de 600 livres fait pour l'encouragement des sciences. Depuis la postérité ne les a pas séparés.

Napoléon frappé par les avantages qu'on pourrait tirer de l'usage des aérostats dans l'art de la guerre et de l'utilité qu'en avait tirée notamment le général Jourdan, à la bataille de Fleurus pour observer les mouvements de l'armée, ordonna qu'une Ecole d'aérostiers militaire serait fondée à Meudon près de Paris.

Au point de vue du développement pris par les fabriques de papier, n'oublions pas d'enregistrer le nom du père des frères Montgolfier qui possédait à Vidalon une belle usine que ses enfants et ses descendants ont continué à faire prospérer jusqu'à nos jours. C'est Etienne Montgolfier qui est le créateur du papier *grand monde* et du papier *vélin*.

Montyon (Jean-Baptiste Antoine Auget, baron de). — Né à Paris le 23 décembre 1733, mort en 1820. Nous ne pouvons omettre le nom de ce célèbre philanthrope, bien qu'il ait été peu entraîné vers les idées de la Révolution et qu'il soit resté hostile à l'empire, car chez lui tous ces sentiments ont été éteints par ses fondations littéraires, scientifiques et charitables. Extrêmement riche, l'esprit cultivé, très bon, il a su faire la part de tous et il a distribué plus de cinq millions, (somme énorme pour l'époque) pendant la période qui nous intéresse. C'est ainsi qu'on le voit établir des prix annuels pour le mémoire qui présenterait les moyens de simplifier les procédés de quelque art mécanique, pour le moyen qui rendrait moins malsaines les opérations industrielles, pour une question de médecine utile et un perfectionnement dans l'art chirurgical. Ajoutons à cela les dons importants faits à chacun des hôpitaux de Paris pour être distribués en gratifications et secours aux pauvres sortant de ces établissements. Il est bien certain que les largesses du baron de Montyon ont eu une action bienfaisante sur le progrès des sciences.

Morel-Vindé (de) Charles Gilbert. — Né à Paris en 1759, mort en 1842. Agronome distingué. En 1807, il publia son *Mémoire sur les béliers mérinos ;* en 1813, son *Etude sur la monte ;* en 1815, son *Traité de l'agnelage*. En 1808, il avait été élu membre correspondant de l'Institut. Son éloge a été prononcé à la Société d'agriculture de France en 1859, par J. A. Barral.

Niepce (Joseph-Nicéphore). — Né à Châlon-sur-Saône en 1765, mort dans la même ville en 1833. Nicéphore Niepce est incontestablement l'inventeur et le père de la photographie, cette merveilleuse découverte qui a pris un développement si grand dans la vie sociale et dont les applications multiples nous préparent bien des surprises futures. De plus, c'est sous le premier Empire, ainsi qu'on va le voir, qu'apparaît le premier essai de cette invention baptisée désormais du nom générique de *photographie* (dessin obtenu par la lumière), quels que soient le moyen, le mode, le perfectionnement employés pour sa production.

Nicéphore Niepce fut d'abord admis en 1792 en qualité de sous-lieutenant dans le 42e régiment d'infanterie. Il fit avec ce titre les campagnes de Sardaigne et d'Italie, lorsqu'une maladie et une myopie confirmée l'obligèrent à donner sa démission. D'ailleurs, il était tourmenté par les recherches scientifiques ; la place qu'on lui donna dans l'administration ne put lui complaire, comme employé du gouvernement dans le district de Nice. Il y renonça et revint dans sa ville natale avec sa femme, son fils et son frère aîné. Là il monta un petit laboratoire et se consacra à quelques inventions mécaniques qui reçurent les encouragements de Carnot. Ses recherches sur la fécule colorante du pastel attirèrent l'attention de la commission chargée de l'examen des substances propres à la teinture qui était présidée par Berthollet.

La lithographie venait d'être imaginée en 1812 par Senefelder, Nicéphore Niepce y porta tout de suite son esprit ingénieux et y trouva deux choses à perfectionner : la pierre et l'encre. Il remplaça la première par une plaque d'étain, et il eut, en 1813, l'idée géniale de supprimer l'encre et de demander à la lumière du soleil de faire elle-même le dessin. De là, c'est-à-dire de cette vue de l'esprit et de cette époque, date véritablement la création de la photographie. Mais pour arriver à des résultats pratiques, il fallait des connaissances profondes en chimie. Nicéphore Niepce n'hésita pas à consacrer ses veilles et ses ressources à les acquérir.

On savait déjà que le chlorure d'argent, blanc dans l'obscurité, noircissait rapidement à la lumière. Niepce en conclut la possibilité de reproduire les dessins et les gravures, en rendant le papier translucide et en appliquant les dessins ou gravures sur une surface recouverte d'une couche de chlorure d'argent. Les parties noires retenaient la lumière et laissaient blanches les parties correspondantes au chlorure d'argent. Il obtint ainsi une épreuve dite négative qui par une seconde opération amenait l'original, mais qui était aussitôt détruite par la lumière elle-même qui noircissait à leur tour les blancs réservés et l'on n'avait plus qu'une surface toute noire. C'était Saturne dévorant ses enfants et chaque essai était la représentation du rocher de Sisyphe, sans cesse monté et redescendu. Il fallait donc, après avoir contraint le soleil à dessiner le contraindre à ne pas détruire son œuvre. Nicéphore Niepce chercha et il eut le bonheur de trouver qu'une couche de bitume de Judée, naturellement noir, blanchissait dans les parties qui recevaient l'impression d'une source vive de lumière et que ces parties devenaient insolubles en les plongeant dans l'essence de lavande. La photographie ce jour-là fut inventée définitivement et tout ce qui y a été ajouté ne sont que des perfectionnements ingénieux, des développements nouveaux, des applications originales, mais qui découlent toutes de l'idée-mère de Nicéphore Niepce.

Le problème ainsi résolu en principe, Niepce recouvrit de bitume une plaque métallique, exposa cette plaque au foyer de la chambre obscure, lava ensuite la partie influencée par la lumière dans un bain d'essence de lavande, puis répandit un acide sur le métal mis à nu. L'acide ayant creusé les endroits dénudés, il enleva le bitume et il lui resta une image gravée en relief, prête à servir pour tirer des gravures. Ce jour-là aussi sont nés les clichés photo-typographiques si perfectionnés de nos jours et qui servent couramment à l'imprimerie.

A ce moment le peintre Daguerre, inventeur du Diorama, entra en relation avec Nicéphore Niepce et s'associa avec lui pour apporter dans cet art nouveau quelques perfectionnements importants, tels que l'emploi de l'iode pour mieux fixer sur les plaques les images produites dans la chambre noire. Les reproductions ainsi obtenues furent appelées pendant quelques années Daguerréotypes; mais on revint bientôt au mot plus juste de photographie.

Nous ne serions pas complet si nous n'ajoutions pas quelques renseignements indispensables sur Niepce de Saint-Victor, cousin germain de Nicéphore Niepce, né à Saint-Cyr, près de Châlon-sur-Saône, en 1805, mort à Paris en 1870. Après s'être adonné d'abord comme son illustre parent à des recherches chimiques sur la teinture des draps et les moyens de raviver les couleurs, il se consacra plus spécialement aux recherches héliographiques. En 1847, il adressa à l'Académie des sciences un très remarquable mémoire sur l'action des vapeurs, et le 25 octobre de la même année, il annonça à ce corps savant qu'il avait obtenu, à l'aide d'une couche d'amidon, des essais de photographie sur verre qui venaient faire disparaître tous les inconvénients de la photographie sur papier trouvée par Talbot, en 1845.

Niepce de Saint-Victor ne s'arrêta pas là. Il sut appliquer ses notions sur la teinture pour chercher les moyens de reproduire les images avec leurs couleurs naturelles. Il est parvenu par la photographie à obtenir le bleu, le jaune, le vert et le noir. Il s'est encore beaucoup occupé de gravure photographique, et c'est lui le premier qui a fourni la méthode propre à transporter sur acier un cliché photographique. Il est aussi l'inventeur d'un vernis spécial aux plaques et il a un des premiers signalé la possibilité d'obtenir des photographies à l'électricité.

Oberkampf (*Christophe-Philippe*). — Illustre manufacturier, né à Weissembach (Bavière) en 1738, naturalisé français, mort à Jouy-en-Josas, près de Versailles en 1815, introducteur en France de l'impression des tissus, fondateur de la première filature de coton. Venu à Paris à l'âge de dix-neuf ans. avec un capital de 600 francs, il n'hésita pas, après avoir obtenu, en 1759, par édit royal le droit d'établir un atelier de fabrication, de se mettre à l'œuvre. Il loua dans la vallée de la Bièvre, une masure abandonnée, et c'est là que tout seul d'abord, il jeta les bases d'une industrie qui devait exonérer la

France d'un lourd tribut payé à l'étranger. Oberkampf n'avait pour modèles que des étoffes perses ou des indiennes dont le trait était imprimé, les sujets étant colorés au pinceau, opération dispendieuse et longue. Il construisit lui-même ses métiers, perfectionna les procédés inventés par son père pour l'impression à la planche et l'impression mécanique au rouleau, se fit à la fois constructeur, dessinateur, imprimeur, teinturier, graveur, et put au bout de peu de temps vendre ses premiers produits. Il s'entoura d'ouvriers dont il fit l'éducation et après avoir triomphé de mille difficultés et de tous les obstacles, il dessécha les marécages autour de son habitation et établit une grande manufacture qui compta bientôt plus de mille personnes. En 1787, un édit de Louis XVI érigea les ateliers d'Oberkampf en manufacture royale : en 1790 le conseil général de la Seine décida qu'une statue serait élevée à l'homme dont l'initiative avait eu des résultats si fructueux pour le pays ; mais Oberkampf refusa, comme il avait refusé les titres de noblesse. Au commencement de 1804, Bonaparte qui voulait tout voir par ses yeux, vint visiter la manufacture de Jouy et décora Oberkampf en lui disant : « Vous et moi, nous faisons une bonne guerre aux Anglais, mais je crois que la vôtre est encore la meilleure. » Nous étions à l'époque du blocus continental. En 1806, le jury de l'Exposition décerna une médaille à Oberkampf. Pour achever son œuvre et pousser jusqu'au bout la concurrence à l'Angleterre, il fonda à cette époque la filature de coton d'Essonne, la première qui ait fonctionné en France. Le coton reçu en balles était tissé dans cette manufacture et transporté à Jouy pour en sortir à l'état d'indienne ou de toile perse.

En 1815, les alliés, pour se venger de la brillante guerre industrielle que leur avait faite Oberkampf, détruisirent ses ateliers et ruinèrent de fond en comble Oberkampf qui mourut peu après, réduit à la misère.

Olivier (*Guillaume-Antoine*). — Voyageur et naturaliste, né aux Arcs près de Toulon en 1756, mort à Lyon en 1814. Reçu docteur en médecine à dix-sept ans, il se consacra à l'histoire naturelle et sur la demande de son condisciple Broussonnet fut chargé, en 1783, de la partie concernant les productions naturelles pour la statistique de la généralité de Paris. En 1800, il fut admis à l'Institut et nommé peu après professeur de zoologie à l'Ecole vétérinaire d'Alfort par Bonaparte. Il reprit ses travaux sur l'entomologie et les continua jusqu'à sa mort. Il avait visité l'Asie Mineure, la Perse, l'Egypte, la Turquie et rapporté de tous ces pays des matériaux précieux pour son *Dictionnaire d'histoire naturelle des insectes, papillons, crustacés, etc.*

Orbigny (*Claude-Marie Dessolines d'*). — Chirurgien français, né en mer en 1770, mort à La Rochelle en 1856. Il entra de bonne heure dans le service chirurgical de la marine et fut chargé en 1799, par Napoléon, d'aller inspecter les prisonniers de guerre en Angleterre. A partir de cette époque il exerça son art à Nantes, puis à La Rochelle. Il a laissé un certain nombre d'écrits sur les sciences, notamment un avis sur les propriétés nuisibles de la colchique d'automne publié en 1803. Il est surtout connu comme père d'Alcide et de Charles d'Orbigny qui ont enrichi l'histoire naturelle de publications et de collections extrêmement remarquables.

Orfila. — Né à Mahon (île Minorque) en 1787, mort

à Paris en 1863. Il vint à Paris étant très jeune et très pauvre. Dès 1811, il ouvrit un cours libre de chimie rue Croix-des-Petits-Champs. Grâce à sa parole élégante, aux soins qu'il donnait à ses leçons et à ses expériences, il obtint bientôt un grand succès. Distingué par Vauquelin, qui devinait en lui des aptitudes singulières de vulgarisation, il fut désigné à Napoléon comme une gloire future de la chimie. En 1813, il fit paraître la première partie de son célèbre *Traité des poisons tirés des règnes, minéral, végétal et animal*. Il le termina en 1815 sous le titre, de *Toxicologie générale*. Cet ouvrage est resté le meilleur titre à la renommée qu'il ne devait cesser d'acquérir.

Parmentier (*Antoine-Auguste*). — Né à Montdidier en 1737, mort à Paris le 17 décembre 1813. Bien que l'honneur de l'introduction définitive de la pomme de terre revienne au règne de Louis XVI, nous devons rattacher Parmentier, comme agronome à la période révolutionnaire et napoléonienne, car pendant quarante ans, il ne cessa pas de recommander dans une foule de brochures, dans les journaux et dans les revues du temps, le précieux tubercule qui devait devenir la première richesse agricole de l'univers. De plus, Parmentier a propagé encore l'usage du sirop de raisin qui a rendu tant de services pendant les guerres de la République et de l'Empire, la confection de soupes économiques pour les soldats, la création des biscuits de mer, divers perfectionnements apportés à la mouture et au blutage du blé. N'oublions pas d'ajouter qu'il contribua à répandre l'usage de la vaccine et qu'il rétablit l'ordre dans le service des pharmacies des hôpitaux de Paris pour lesquelles il rédigea le *Code pharmaceutique* (1802).

Pelletan (*Philippe-Joseph*). — Célèbre chirurgien.

né à Paris en 1747, mort en 1829. Son ouvrage capital date de 1810, c'est sa clinique chirurgicale, publiée en trois volumes et dont la renommée devint européenne. Elève de Desault, il le remplaça à l'Hôtel-Dieu. Napoléon qui l'avait approché à l'Institut l'avait jugé en disant de lui : « Desault en sait davantage, mais Pelletan le sait mieux. » Son fils Pierre Pelletan (1782-1845), après avoir passé par l'Ecole polytechnique, et être devenu préparateur du physicien Charles, ouvrit en 1800 un cours privé de chimie générale. Il commença ensuite sa médecine sous les yeux de son père et devint médecin du Val-de-Grâce en 1813, après avoir fait comme chirurgien militaire les campagnes de 1805 à 1807. Son principal ouvrage est un *Traité élémentaire de Physique générale et médicale.*

Pelletier (*Bertrand*). — Né à Bayonne en 1701, mort à Paris en 1797. A dix-sept ans il débarqua dans la capitale pour y étudier la chimie et il devint bientôt le préparateur de Darcet au Collège de France. Appelé en 1791 à faire partie de l'Académie des sciences, il fut compris dans la réorganisation de l'Institut et fut successivement membre du bureau de consultation des arts, inspecteur des hôpitaux, commissaire des poudres et salpêtres, membre du conseil de santé des armées et professeur à l'Ecole polytechnique. Il a contribué puissamment aux progrès de la chimie par ses belles recherches sur le phosphore et les phosphores métalliques. Son fils Pierre-Joseph Pelletier né à Paris en 1788, mort en 1842, a suivi les traces de son père, et s'est illustré par des découvertes de premier ordre dans l'industrie et les matières médicales. Il faut citer celle de la plupart des bases salifiables végétales et notamment du sulfate de quinine, une des plus belles conquêtes de la chimie et de la thérapeutique modernes, qu'il fit en collaboration avec Caventou.

Périer (*Jean-Constantin*). — Célèbre mécanicien né à Paris en 1742, mort en 1818. C'est lui qui a établi en 1788 la pompe à feu de Chaillot pour l'élévation de l'eau de Seine et qui servit en même temps à une importante fabrication de canons et à l'exploitation de diverses branches de l'industrie. Il devint membre de l'Académie des sciences et il a attaché son nom à un nombre considérable de machines pour la grande industrie.

Périer (*Claude*). — Industriel et financier français né à Grenoble en 1742, mort à Paris en 1801. Il succéda à son père dans la direction de nombreux établissements industriels du Dauphiné, acquit une fortune considérable et prit une part active à la Révolution française et au grand mouvement du progrès. Il contribua à la fondation de la Banque de France; c'est lui qui en rédigea les statuts. Il marqua par ses vastes entreprises, son génie des affaires, son influence (il avait été membre du Corps législatif en 1799), l'importance financière et politique de sa famille qui se composait de deux filles et de huit garçons. Parmi ceux-ci il faut citer : 1° Augustin Périer (1773-1833) qui passa par l'École polytechnique et fonda dans l'Isère de nombreuses industries; 2° Antoine-Scipion Périer (1776-1821) qui s'attacha plus spécialement à l'étude de la chimie. Il rétablit les forges de Chaillot, introduisit les forges à la Catalane dans le Dauphiné, appliqua le premier dans les mines d'Anzin les machines à vapeur et contribua à introduire l'éclairage au gaz. Il fut l'un des fondateurs de la première Compagnie d'assurance à

Paris, de la Caisse d'épargne et de la Banque de France qui le compta au nombre de ses régents; 3° Casimir Périer (1777-1832) (le grand Périer) qui avant de devenir un homme d'État fut un financier des plus habiles et un commerçant des plus entreprenants; 4° Camille Périer (1781-1844). Il fut successivement élève de l'École polytechnique, auditeur au Conseil d'État, intendant de Salzbourg, en 1809, et préfet de la Corrèze de 1811 à 1814.

Pinel (*Philippe*). — Né au château de Rascas, commune de Saint-André (Tarn) le 20 avril 1745, mort à Paris le 25 octobre 1826. Reçu docteur à Toulouse en 1773, Philippe Pinel qui se destinait à succéder à son père, médecin lui-même, alla à Montpellier pour se perfectionner dans l'art médical. Pour subvenir à ses besoins, il donna des leçons de mathématiques et prit le parti de se rendre à Paris pour demander à un enseignement particulier mieux rétribué, les ressources nécessaires à son existence. Arrivé dans la capitale, il se lia avec les hommes les plus éminents de son époque et traduisit en français le *Traité de médecine pratique* du médecin anglais Culley. Cette publication le mit en évidence et lui donna assez d'autorité pour se poser en chef d'école en fondant sur la structure organique des parties malades la nomenclature des malades. Il fut un des premiers à déclarer que la médecine est susceptible de former un ensemble régulier de doctrine et qu'on peut lui appliquer une méthode analogue à celle des autres sciences physiques. Philippe Pinel est ainsi un des ancêtres de la médecine scientifique et expérimentale de nos temps modernes.

Philippe Pinel auparavant s'était consacré à l'étude des maladies mentales, et en 1793 il avait été nommé médecin en chef de Bicêtre. C'est là qu'il a acquis son plus beau titre à l'immortalité en opérant une véritable révolution dans le traitement des fous. On peut dire que Pinel a rendu à l'humanité un service signalé en brisant les chaînes dont on chargeait les aliénés, et en substituant à des usages aussi cruels qu'absurdes, la méthode de la bonté, de la douceur, de la justice, de la fermeté, tempérée par la patience. Il entra à l'Institut en 1803. Professeur de physique médicale, puis de pathologie, à la Faculté de médecine de Paris, pendant toute la durée de l'Empire, ses cours furent suivis avec frénésie, bien qu'il eût la parole lourde et saccadée. Mais son enseignement était extrêmement clair et original. Sous la Révolution, il n'avait pas craint de donner asile à Condorcet, traqué par la Terreur. Philippe Pinel fuyait les honneurs et l'intrigue et n'aimait que la science et l'humanité.

Poisson (*Siméon-Denis*). — Né à Pithiviers en 1781, mort à Paris en 1840. Analyste et géomètre distingué, de très bonne heure il montra des aptitudes brillantes, et fut l'élève favori de Lagrange et de Laplace à l'École polytechnique où il était entré le premier de sa promotion. A sa sortie, il suppléa ses maîtres et les remplaça plus tard dans leurs chaires, sans les surpasser, ni même les atteindre dans leur enseignement et leurs travaux. En 1811, il publia son *Traité de mécanique* réédité bien des fois dans la suite et qui est resté sa meilleure œuvre. Poisson appartient à l'école des savants qui n'ont pas le don de l'invention, mais qui excellent à analyser et à traduire en formules les découvertes pratiques. Poisson avait l'habitude de dire : « La vie n'est bonne qu'à deux choses : à faire des mathématiques et à les professer. »

Portal (*Antoine*). — Célèbre médecin né à Gaillac (Tarn) le 5 janvier 1742, mort à Paris le 23 juillet 1832, comblé d'années et des faveurs de la fortune. Successivement chargé d'enseigner l'anatomie au Dauphin, professeur de médecine au Collège de France, au Jardin des Plantes, médecin du comte de Provence, membre de l'Académie des sciences, de l'Institut, il eut sous tous les régimes une brillante clientèle parce qu'il était très versé dans la connaissance des maladies organiques. Son titre de gloire le plus certain repose sur son ouvrage traitant de diverses maladies avec le précis des expériences sur les animaux vivants. Dès 1801, il n'hésita pas à entreprendre au Collège de France des vivisections qui lui donnèrent les résultats les plus remarquables dans ses recherches de physiologie pathologique et qui furent approuvés par Napoléon qui croyait peu à la médecine qu'il considérait comme trop conjecturale, mais qui mettait sa foi dans les expérimentations.

Portalis (*Jean-Etienne-Marie*). — Le grand Portalis, né à Bausset (Var), mort à Paris en 1807. D'abord avocat distingué, original, il introduisit dans le barreau d'Aix une nouvelle manière de plaider qui lui valut des réprimandes. — « Vous avez plaidé avec esprit, lui dit le bâtonnier; mais il faut changer votre méthode qui n'est point celle du barreau. — Monsieur, lui répondit le jeune Portalis, c'est le barreau qui a besoin de changer d'allure et non pas moi. » Successivement avocat, auteur d'ouvrages remarquables sur la jurisprudence, administrateur de la province d'Aix, député de Paris et des Bouches-du-Rhône, membre du Conseil des anciens, après le coup d'État du 18 brumaire, il fut remarqué par Bonaparte pour ses talents de jurisconsulte. En 1800, il fut nommé commissaire du Gouvernement près du Conseil des prises et il fut l'un des rédacteurs chargés de la composition du Code civil. On lui doit spécialement le discours préliminaire et les exposés des motifs, si remarquables par la science profonde, la clarté, l'élégance du style, entre autres ceux du mariage, de la propriété, des contrats aléatoires. L'esprit de méthode règne dans ce monument de notre législation, qui a vieilli dans les détails, mais qui présente toujours un ensemble solide. Son corps a été inhumé au Panthéon.

Pouchet (Louis-Ezéchiel). — Manufacturier né à Gruchet (Seine-Inférieure) en 1748, mort à Rouen en 1819. On lui doit des perfectionnements remarquables dans le système de la filature de coton à la mécanique et notamment des améliorations aux machines d'Arkwright.

Il parvint à diviser les machines du manufacturier anglais en petits filoirs mis en mouvement par une seule manivelle n'exigeant que quelques heures d'apprentissage. Son système de numérotage des cotons filés et autres fils fit sensation en 1810, époque à laquelle il fut exposé dans un mémoire inséré dans les *Annales des arts et manufactures.*

Pouchet prit une grande part à toutes les réformes scientifiques de la Révolution et de l'Empire. C'est ainsi qu'on le voit pousser à la mise en activité du système décimal des poids et mesures, apporter une active collaboration dans la création du nouveau titre des matières d'or et d'argent et dans les études de métrologie terrestre qui captivait le monde savant en 1798.

Louis-Ezéchiel Pouchet est le père du célèbre naturaliste et hétérogéniste A. Pouchet (1800-1872), le créateur du Muséum d'histoire naturelle de Rouen, l'auteur des lois fondamentales de l'ovulation spontanée, connues en physiologie sous le nom de *Lois Pouchet*. Son petit-fils Georges Pouchet continua dignement les traditions scientifiques de ses ancêtres.

Prieur (de la Côte-d'Or). — Né en 1763, mort en 1831. C'est un des conventionnels qui ont pris le plus de part aux grandes fondations scientifiques de la Convention (École polytechnique, Institut de France, Conservatoire des Arts et Métiers, système métrique décimal). Il fut aussi un des plus actifs collaborateurs de Carnot dans l'organisation des quatorze armées de la République. Il fit partie des Cinq-Cents et il en sortit en 1798 pour prendre l'année suivante sa retraite comme colonel du génie. Il ne s'occupa plus que d'industrie et de science et déclina les offres de Napoléon qui l'avait vu avec regret quitter l'armée, car Prieur (de la Côte-d'Or) était pour lui l'idéal de l'officier savant, exact, brave et non téméraire.

Procédés d'Appert. — Tous les ouvrages biographiques sont muets sur l'homme utile et modeste qui le premier a indiqué un moyen pratique de conserver presque indéfiniment la plupart de nos aliments. Cependant la postérité a été moins ingrate que l'histoire et elle a conservé le nom d'Appert aux conserves alimentaires préparées d'après les procédés qu'il a indiqués. On sait que ces procédés ingénieux consistent à mettre les substances animales ou végétales que l'on veut conserver (viandes, poissons, bouillons, légumes frais, fruits, jus et compotes de fruits, etc.) dans des bouteilles que l'on bouche très hermétiquement et qu'on expose ensuite, pendant un laps de temps suffisamment long, à la température de l'eau portée à 100 degrés centigrades.

On possède d'Appert un livre curieux et fort instructif, quoique purement technique et sans aucune prétention scientifique. La seconde édition porte la date de 1811 avec le titre suivant : « *L'art de conserver pendant plusieurs années toutes les substances animales et végétales, par Appert, propriétaire à Massy (Seine-et-Oise), ancien confiseur et distillateur.* » Nous savons qu'Amand Savalle, le père de la distillerie moderne fut son ami et son collaborateur dans le perfectionnement de quelques-uns de ses procédés. De plus, en 1810, une commission avait été instituée à l'instigation de Napoléon, par le Ministère de l'Intérieur pour examiner la valeur des procédés d'Appert appliqués à l'approvisionnement des armées et des expéditions militaires lointaines. Gay-Lussac fit partie de cette commission et s'attacha plus à trouver l'explication scientifique du procédé qu'à faire ressortir tout le parti qu'on pouvait en tirer. « On peut se convaincre, dit-il, en analysant l'air des bouteilles de M. Appert dans lesquelles les substances ont été bien conservées, qu'il ne contient plus d'oxygène et que l'absence de ce gaz est par conséquent une condition nécessaire pour la conservation des substances animales et végétales. Gay-Lussac était uniquement dominé, comme tous les savants l'étaient à cette époque, par le rôle considérable que joue l'oxygène dans la nature. Il le fait intervenir comme le *primum movens* de la putréfaction et des fermentations et l'existence des germes vivants dans l'atmosphère n'est pas mentionnée dans le rapport de Gay-Lussac. Cependant Spallanzani, trente années auparavant, avait su mettre en lumière la signification générale du phénomène qui produit l'altération des infusions et des substances alimentaires par des germes auxquels l'air sert de véhicule et qui une fois enfermés dans un endroit restreint se développent dans les substances qu'ils transforment et par cela même altèrent complètement. C'est en tuant ces germes par l'effet de la chaleur portée au degré de l'eau bouillante qu'on les stérilise et qu'on protège les aliments. Cinquante années plus tard, après le Rapport de Gay-Lussac, et l'invention si heureuse d'Appert, en 1860, M. Pasteur devait apporter l'explication théorique de ce fait pratiquement appliqué, mais resté incompris et inexpliqué jusqu'à cette époque.

Prony (baron de). — Né à Chamelet près de Lyon, en 1755, mort à Paris le 31 juillet 1839. Grand ingénieur, esprit original et fécond. Après avoir collaboré à la construction du pont de la Concorde, à Paris, à la réparation du port de Dunkerque, il fut chargé par l'Assemblée constituante de la direction générale du cadastre. L'introduction du système métrique ayant pour corollaire naturel la substitution de la division centésimale du cercle à la division sexagésimale, il fallut combiner de nouvelles tables. La Convention sur le rapport de Carnot, invita Prony, en l'an II, à composer ces tables sur le plan le plus vaste. Ce travail énorme fut terminé en trois ans. Deux exemplaires calculés séparément de ce grand ouvrage sont déposés manuscrits à l'Observatoire de Paris. Ils forment dix-sept volumes grand in-folios et attendent toujours leur impression d'un Gouvernement libéral. Prony déclina l'honneur de se rendre en Egypte. Mais Napoléon qui avait la plus grande confiance dans les talents de son collègue de l'Institut le chargea de la régularisation du cours du Pô, de l'amélioration des ports de Gênes, d'Ancône, de Venise, de Pola et de l'assainissement des Marais-Pontins. Prony est l'inventeur du flotteur à niveau constant qui rend tant de services à l'hydraulique physique.

Richard (*Louis-Claude-Marie*). — Né à Versailles en 1754, mort à Paris en 1821. Après avoir fait un voyage à la Guyane, aux Antilles et au Mexique, il se consacra en France aux études botaniques et fut nommé professeur à l'Ecole de Médecine. Ses études sur les *Conifères* sont du plus haut intérêt. Son fils Achille Richard (1794-1852) lui a succédé dans sa chaire et a beaucoup concouru à l'étude des plantes exotiques.

Richard-Lenoir. — Ce double nom célèbre appartient à deux personnes différentes; mais il synthétise un même labeur et des créations de deux industriels puissants, dont le premier (Richard) a été plus que le second (Lenoir) l'instigateur de l'œuvre commune. Richard né à Epinay-sur-Odon (Calvados) le 16 avril 1765, mort à Paris en 1839, était fils de paysan et sans instruction. Après avoir subi des fortunes diverses dans le commerce et avoir été enfermé pour dettes dans la prison de la Force, il se noua d'amitié et d'intérêt avec Lenoir-Dufresne, d'Alençon, et avec lui il trouva le moyen de fabriquer les étoffes de tissus de laine et de coton autrement dit des *basins*. Ses établissements acquirent peu à peu, à Paris, rue de Charonne, en Picardie, en Normandie, etc., une importance considérable. Napoléon vint visiter ceux de la capitale, et plus tard après la mort de Lenoir, lorsque Richard, par suite des événements politiques, ne trouvant plus à vendre ses produits, se trouva à la veille de la ruine, ce fut l'Empereur qui lui fit un prêt de 1500,000 francs. En 1810, Richard-Lenoir qui avait conservé, selon la promesse faite, le nom de son associé, fut fait chevalier de la Légion d'honneur et nommé membre du grand conseil des manufactures de France.

Ripault (*Louis-Madeleine*). — Il fut pendant longtemps le Bibliothécaire de Napoléon, malgré des opinions très avancées qu'il ne dissimulait point. Une partie de ses fonctions consistait à faire chaque jour une analyse des ouvrages nouveaux qui paraissaient. Il s'en acquittait avec un rare talent. Mais c'était un maniaque. Professant une admiration enthousiaste pour Marc-Aurèle dont il devait écrire plus tard l'histoire philosophique, il le proposait sans cesse en modèle à Napoléon qui en riait en disant plaisamment : « Jamais les Anglais ne me laisseront le loisir d'écrire des pensées philosophiques. » Ripault, comme membre de la Commission scientifique de l'expédition d'Egypte et de l'Institut du Caire, a rendu de grands services à l'égyptiologie.

Robiquet (*Pierre-Jean*). — Né à Rennes en 1780, mort à Paris en 1840. Il commença ses études chimiques dans une pharmacie de Lorient, puis à l'Ecole centrale de Rennes. et dans la capitale sous la direction de Vauquelin. Attaché à l'armée d'Italie comme pharmacien militaire en 1799, il en profita pour se lier avec Scarpa et Volta. A son retour en France, il passa par le Val-de-Grâce et acheta une officine où il exécuta de très beaux travaux sur les alcaloïdes de beaucoup de plantes : asparagine, la codéine, etc. C'est lui qui a trouvé les principes des lichens avec lesquels on prépare l'orseille. Il a fondé une fabrique de produits chimiques devenue célèbre et importante qui existe toujours à Paris.

Rochon. — Astronome et physicien, membre de l'Institut à sa fondation. On lui doit la lunette qui porte son nom, le diasporamètre, de beaux travaux sur la polarisation de la lumière, des fanaux perfectionnés pour les navires. Il travailla activement à faire dessécher tous les terrains que la Seine couvrait d'eaux stagnantes, près de Neuilly.

Romme (Charles). — Né en 1744, mort en 1805. Par ses travaux, ce savant a beaucoup contribué aux progrès de la navigation maritime. Il inventa une méthode nouvelle et beaucoup plus expéditive pour mesurer les longitudes en mer. Il aida aussi au perfectionnement de la fabrication du salpêtre. Il a publié en 1800 un livre excellent sous le titre de *La Science de l'homme de mer*, et en 1805 il a fait paraître ses *Tableaux des vents, des marées, des courants*. Il fut membre de l'Institut à sa création. Son frère Gilbert Romme, célèbre conventionnel, a été un mathématicien distingué et l'un des créateurs du Calendrier républicain.

Roux (Philibert-Joseph). — Chirurgien, né en 1780, mort en 1854. Il fit ses débuts dans l'armée qu'il quitta après le traité de Campo-Formio. Il vint à Paris et se perfectionna en suivant les leçons de Bichat et fut nommé peu après chirurgien en chef adjoint de l'hôpital Beaujon. En 1810, il épousa la fille du baron Boyer, premier chirurgien de Napoléon; grâce à cette alliance, il passa à la Charité où il trouva un champ plus vaste pour employer toute l'étendue de son savoir chirurgical. Il a été un des praticiens les plus audacieux de ce siècle, surtout dans la chirurgie réparatrice. On cite de lui, entre autres cas, celui d'une jeune fille qui avait une plaie au côté gauche du visage et à laquelle, au moyen de sept opérations successives, il était parvenu à refaire un visage presque régulier. Il inventa l'opération connue sous le nom de staphylorrhaphie, ou suture du voile du palais divisé accidentellement ou congénitalement.

Rumford (*Benjamin-Thomson, comte de*). — Nous devons une place à Rumford quoique né en Amérique le 26 mars 1753, non seulement parce qu'il a été un savant et un inventeur des plus ingénieux, mais surtout parce qu'il a choisi la France pour y terminer sa vie dans la retraite et le culte des sciences françaises. Il est mort à Auteuil en 1814 le 21 août. Il est l'inventeur des lampes et des cheminées qui portent son nom et des modifications heureuses apportées à la cuisson des aliments. Napoléon l'avait en grande estime, malgré son origine anglaise, bien que né en Amérique. Rumford a fait une remarque de génie dans l'étude des couleurs. Il a démontré que celles qui s'harmonisent le mieux et qui juxtaposées produisent sur l'œil l'effet le plus agréable sont les couleurs supplémentaires. L'illustre chimiste Chevreul a beaucoup développé cette théorie.

Sabatier (*Raphaël-Bienvenu*). — Chirurgien né à Paris en 1752, mort en 1811. Nommé médecin en chef de l'Hôtel des Invalides, puis médecin à l'armée du Nord, il fut attaché à la Faculté de Paris, y occupa ensuite la chaire de médecine opératoire. Napoléon le nomma un de ses chirurgiens consultants. Il appartenait à l'Institut depuis sa fondation. Il avait la main extrêmement sûre et fut un opéra teur de premier ordre.

Sage (*Balthazar-Georges*). — Né en 1740, mort en 1824. Chimiste et minéralogiste. Sage fut plus attaché aux anciennes idées qu'aux nouvelles qu'il n'accepta jamais qu'avec une extrême répugnance. Il fit partie de l'Institut à sa création. Nous devons lui donner une place dans cette nomenclature parce que en 1807, il a eu la vision du grand rôle que joue l'électricité dans la machine terrestre et humaine. C'est à cette époque aussi qu'il a publié ses *Recherches et conjectures sur la formation de l'électricité métallique*.

Savalle (*Amand*). — Né à Canville (Seine-Inférieure) le 3 mars 1791, mort à Lille (Nord) le 17 avril 1864. Inventeur de la rectification des alcools et des appareils à rectifier. De très bonne heure il se lia avec Cellier-Blumenthal, Derosne et les grands industriels de la fin de l'Empire, tous enfants de leurs œuvres et qui devaient donner à notre pays ce grand élan qui nous emporte vers le progrès indéfini. Lorsque Amand Savalle eut l'idée de son premier appareil, à peine produisait-on par an cent mille hectolitres d'alcool mal épuré. Peu à peu les nouvelles colonnes distillatoires se répandirent partout, en France comme à l'étranger, et en 1888, chez nous, la production a atteint plus de deux millions d'hectolitres, dont les deux tiers sont obtenus à l'état très pur par le système Savalle. C'est Napoléon qui pour ainsi dire a donné naissance à cette énorme richesse, en prodiguant à l'industrie nouvelle du sucre indigène les plus puissants encouragements. La distillerie est la sœur de la sucrerie. Et toutes les deux datent du premier empire. Comme les Delessert, les Périer, les Savalle ont une dynastie qui a sans cesse perfectionné les inventions de l'ancêtre.

Le fils d'Amand Savalle, Désiré Savalle mort le 10 octobre 1887, a introduit le raffinage de l'alcool et créé le magnifique établissement de la Madone à Puteaux près Paris, que le petit-fils M. Albert Savalle, ou Savalle III comme on l'appelle dans le monde industriel, dirige aujourd'hui.

Savigny (de). — Naturaliste né à Provins en 1777, mort à Paris en 1851. Il fit partie de l'Expédition d'Egypte, comme adjoint à Etienne Geoffroy Saint-Hilaire et devint membre de l'Institut du Caire. Avant de quitter la France, il avait publié une *Histoire naturelle des Dorades de la Chine*, ouvrage qui l'avait placé à un bon rang parmi les naturalistes. A son retour il fit paraître une *Histoire mythologique et naturelle de l'Ibis*, avec six planches, travail où l'on trouve pour la première fois une description exacte de cet oiseau. Il fit paraître successivement ses études et ses observations sur le système des oiseaux d'Egypte et de Syrie, sur les annélides des côtes d'Egypte. Il devint membre de l'Institut, et fut atteint de cécité à la suite d'une maladie d'yeux contractée dans les sables d'Afrique.

Saint-Simon (Claude-Henri, comte de). — Né à Paris en 1760, mort en 1825, l'un des plus proches parents du duc de Saint-Simon, l'auteur des fameux mémoires sur le règne de Louis XIV et la Régence. Il avait dans l'esprit la hardiesse de son illustre parent et il résolut de faire plus encore que la Révolution française en travaillant au perfectionnement universel de la civilisation. Il publia en 1802 ses *Lettres d'un habitant de Genève*, en 1808 son *Introduction aux travaux scientifiques du* XIXe *siècle*. En 1814 il fit paraître son ouvrage sur la *Réorganisation de la Société européenne* et sa fameuse brochure sur

La nécessité et les moyens de rassembler les peuples de l'Europe en un seul corps politique, en conservant à chacun son indépendance nationale. Sa doctrine qui ne fut pas comprise au début se résume aux points suivants : Améliorer par la science le sort de l'humanité, surtout de la classe la plus pauvre et la plus nombreuse ; réorganiser la Société en prenant le travail pour base, proscrire l'oisiveté ; n'admettre que les producteurs dans la société nouvelle dont les savants, les artistes et les industriels doivent constituer la seule aristocratie ; associer les travailleurs, généraliser les ressources sociales. C'est un magnifique programme dont l'élaboration durera encore pendant longtemps. Saint-Simon peut être considéré comme le père du grand mouvement industriel qui a animé le XIXe siècle.

Say (*Jean-Baptiste*). — Né à Lyon en 1767, mort à Paris en 1832. On peut le considérer comme le fondateur de l'économie politique expérimentale. C'est lui le premier, en effet, qui a séparé cette science de la politique pure ; il en a créé la nomenclature. Par sa *Théorie des Débouchés*, il a démontré la solidarité économique des diverses industries, des diverses provinces d'un Etat, des diverses provinces d'un pays. Eliminé du Tribunat, nommé, par Napoléon, inspecteur des droits réunis dans l'Allier, il refusa ces fonctions parce qu'il était complètement opposé aux impôts de consommation. Il se tourna vers l'industrie et introduisit en France, dans les départements de l'Oise et du Pas-de-Calais, des filatures de coton. En 1812, il céda ses filatures à un associé et reprit les études économiques qu'il professa avec éclat à l'Athénée, au Conservatoire des arts et métiers, au Collège de France.

Son frère Louis-Auguste Say est l'introducteur du raffinage du sucre à Nantes où il dirigea pendant longtemps un établissement important. Né en 1774, mort en 1840, il a beaucoup écrit aur l'économie politique.

Seguin (Armand). — Né à Paris en 1765, mort en 1835. On lui doit de très-beaux travaux chimiques sur les moyens de tanner les cuirs en trois semaines. Il établit des tanneries d'après ses procédés et devint le fournisseur général des armées de la République. Il gagna une fortune si considérable, qu'il put participer sans difficulté à l'avance de 2 millions qu'Ouvrard fit au premier consul en 1799 et à celle de 150 millions faite en 1804. Napoléon qui n'aimait pas les gaspilleurs, le soumit à d'énormes restitutions sur ses profits exagérés. Le mémoire d'Armand Seguin sur la *manière nouvelle de tanner les cuirs*, date de 1796. C'est un excellent modèle d'exposé scientifique d'une application industrielle.

Sicard (abbé). — Habile instituteur des sourds-muets, digne successeur de l'abbé de l'Epée, né en 1742, mort en 1822. Exilé au 18 fructidor (1796), il rentra en France au 18 brumaire (1799). Il appartenait à l'Institut depuis 1795. Chaptal l'autorisa à établir une imprimerie dans la cour de l'Ecole des Sourds-Muets dont il était le directeur et il le protégea autant qu'il put. Il contribua à le faire élire de l'Académie française en 1803 et à le faire nommer chanoine de la Cathédrale de Paris et membre de l'administration des hospices. Mais l'abbé Sicard était peu ordonné, avec une grande facilité de caractère et une ignorance complète des affaires. De graves embarras d'argent troublèrent sa vie à diverses reprises. Napoléon qui avait horreur du désordre, refusa de venir à son secours. C'était injuste, mais Chaptal ne put lui faire entendre raison et l'abbé Sicard dut faire les plus grands sacrifices pour reconquérir un peu de repos. Sa méthode diffère de celle de l'abbé de l'Epée qui avait traduit les choses par des signes et ensuite les signes par des mots. Sicard adopta la méthode suivante ; il enseigna à ses élèves matériellement les mots qui expriment les choses et les leur fit traduire ensuite par des gestes convenus.

Société d'Arcueil. — Société formée dans le but d'accroître les forces individuelles, par une réunion fondée sur une estime réciproque, et des rapports de goûts et d'études, mais en évitant les inconvénients d'une assemblée trop nombreuse. Créée par Berthollet à Arcueil en 1804, cette Société se réunissait tous les quinze jours chez Berthollet même. On répétait les expériences récentes qui paraissaient mériter cet honneur ou exiger une constatation nouvelle. Cette société libre a compté parmi ses membres : Laplace, Biot, Alexandre de Humboldt, Thenard, Descotils, Gay-Lussac, Malus, Arago, Chaptal, Dulong, Poisson, Bérard. Elle a laissé trois volumes de Mémoires remarquables. Elle a disparu avec Berthollet en 1822 et la maison où elle se tenait est occupée aujourd'hui par un collège de Dominicains. On y trouve peu de vestiges du séjour de Berthollet ; les peintures de son cabinet de travail et de la serre où se tenaient les séances, attribuées à Isabey et rappelant la campagne d'Egypte ont disparu. On voit encore dans le jardin le banc et la table de pierre où Napoléon venait s'asseoir et causer avec Berthollet et ses confrères. Le modeste monument que la veuve de Berthollet lui a fait élever dans le cimetière d'Arcueil est entretenu par la commune.

Société d'encouragement pour l'industrie nationale. — Fondée en 1789, réorganisée en 1801, reconnue Etablissement d'utilité publique par ordonnance du 21 avril 1824, la Société d'encouragement pour l'industrie nationale, association de savants, manufacturiers, de fonctionnaires, de propriétaires, a rendu tout de suite de grands services aux inventeurs que lui adressait Napoléon pour avoir son avis. C'est ainsi qu'elle a soutenu Jacquart, les créateurs des sucreries indigènes, Philippe de Girard, etc. Dès l'année 1802, elle a commencé la publication d'un Bulletin qui n'a jamais cessé de paraître et qui constitue une mine sans prix de renseignements pour l'histoire des inventions.

Sucre de betterave. — En 1747, le chimiste Margraff, de Berlin, expérimenta sur de la betterave, en coupant des racines en tranches minces, les desséchant et les réduisant en poudre. Sur cette poudre, il versa de l'alcool, soumit le mélange à l'ébullition, le filtra et le renferma dans un flacon. Au bout de quelques semaines, il s'était formé des cristaux présentant tous les caractères physiques du sucre de canne. En 1787, dans le domaine royal de Kunern, en Silésie, Achard, un prussien, petit-fils d'un français réfugié en Allemagne à la suite de la révocation de l'Edit de Nantes, reprit en grand l'expérience de Margraff, et obtint des résultats suffisants pour donner de belles espérances. Malgré cela, la fabrication du sucre de betterave aurait disparu sans l'intervention de la France. Nous étions à l'époque du blocus continental, en 1806, le sucre de canne était hors de prix. Les industriels et les savants encouragés par Napoléon se livrèrent avec ardeur à la recherche d'une plante indigène qui pût remplacer la canne. Les travaux de Margraff et d'Achard furent repris; mais les débuts furent peu satisfaisants. Chose curieuse à noter, l'Institut ne fut pas favorable aux premiers essais entrepris. La commission nommée pour donner son opinion déclara même qu'on ne pouvait pas attendre une extraction courante de sucre de la betterave. Mais Napoléon n'étant pas de ceux qu'on décourage facilement, redoubla d'instances auprès des chercheurs et l'arrêt académique était à peine prononcé que deux savants, les professeurs Gottling et Fouques avaient trouvé des procédés que Benjamin Delessart perfectionna et mit en pratique en grand. Ce dernier avait déjà fondé en 1806, à Passy, une filature de coton. On peut le considérer comme le véritable créateur de la fabrication du sucre de betterave. Toutefois le succès ne fut pas instantané. Il fallut six ans de recherches, de tentatives pour aboutir. Enfin le 2 janvier 1812, Delessert put annoncer à Chaptal qu'il avait complètement réussi. Celui-ci en parla aussitôt à l'Empereur. Napoléon fut enchanté. « Il faut aller voir cela, partons. » Et, en effet, il partit immédiatement. Pendant les six années qui venaient de s'écouler, Napoléon avait eu l'opinion contre lui. Le public ne croyait pas à la possibilité de consommer du sucre extrait de la betterave et les caricatures même s'étaient exercées contre les désirs de l'Empereur. Nous avons eu sous les yeux une image coloriée de l'époque figurant le Roi de Rome présentant une betterave à son cheval de bois avec cette légende : « *Mange, papa dit que c'est du sucre!* »

Benjamin Delessert n'eut que le temps de courir à Passy. Quand il arriva, il trouva la porte de la fabrique déjà occupée par les chasseurs de la Garde impériale qui lui ferment le passage. Il se fait reconnaître, il entre. L'Empereur avait tout vu. Il était entouré des ouvriers, fiers de cette visite. L'émotion était au comble. L'empereur s'approche de Delessert et détachant la croix d'honneur qu'il portait sur sa poitrine, il la lui remet. Le lendemain le *Moniteur Universel* annonçait « qu'une grande révolution dans le commerce français était consommée. » Le journal officiel avait raison. La science venait de créer une richesse nouvelle. Bientôt Chaptal, Mathieu de Dombasle et Crespel fondèrent des usines pour la fabrication du sucre de betterave, et nous voyons Derosne, Cellier—Blumenthal, Amand Savalle qui devait porter si haut la distillation des alcools français, s'appliquer à créer et à perfectionner l'outillage sucrier. L'Empereur multiplia les encouragements, les récompenses personelles. Dans son entourage, il poussa ses amis, ses anciens compagnons d'armes retirés à la campagne à cultiver des betteraves riches en sucre ; il établit des concours, des primes. Nous avons eu entre les mains un sucrier d'argent provenant de la succession du maréchal Marmont et délivré au duc de Raguse en prix pour des cultures de Châtillon-sur-Seine, dans la Côte-d'Or. L'inscription portait ces mots : *Concours de betteraves, premier prix de l'Empereur au maréchal Marmont. Novembre* 1812.

Napoléon avait compris aussi que le développement de la production du sucre indigène était favorable au plus haut degré aux intérêts agricoles avec lesquels l'industrie de la betterave est en étroite connexité. Cultiver de la betterave à sucre, c'est féconder et améliorer le sol ; c'est aussi créer de la viande et du blé. La production est restée libre ; elle ne relève que d'elle-même. Aussi elle fait merveille. On ne peut pas en dire autant de la consommation entravée par un droit excessif qui représente en moyenne soixante-dix pour cent de la marchandise. En 1823, époque à laquelle on substitua le charbon animalisé au lait et au sang pour la clarification des sirops, on vit s'ouvrir en France, en peu de temps, deux cent cinquante fabriques représentant un capital de soixante millions. En 1870, on estimait la production sucrière française à trois cents millions de kilogrammes ; celle du Zollverein à deux cent vingt-cinq millions, celle de l'Autriche à cent soixante-dix millions, celles de la Russie et de la Pologne à cent-cinquante-cinq millions, celle de la Belgique à cinquante millions, enfin celles de la Hollande, de la Suède et de l'Italie à quinze millions formant un total de neuf cent quinze millions. A la veille de 1889, celle de France dépasse trois cent cinquante millions ; celle de l'Allemagne a doublé et dépasse cinq cents millions de kilogrammes. Les fabriques et les marchandises représentent une valeur mobilière et un mouvement commercial de plusieurs milliards. Tout ce développement énorme de la richesse générale doit son origine à la foi, à l'énergie, à la persistance de Napoléon qui même dans un de ses moments de projets grandioses, eut l'idée de faire défricher toute la forêt de Fontainebleau pour la planter en betteraves à sucre. Il avait pensé ainsi que la France pourrait fournir du sucre à toute l'Europe.

Tenon (*Jacques-René*). — Chirurgien et médecin, le premier instigateur des réformes apportées dans les services hospitaliers. Député à l'assemblée législative en 1791, il fut nommé président du Comité des secours et chargé de présenter un travail sur l'organisation des hôpitaux. Il devint membre de l'Institut à sa création. Ses *Observations sur l'anatomie, la pathologie et la chirurgie* publiées en 1806, étonnèrent par leur hardiesse et leur originalité.

Thenard (Louis-Jacques). — Né à la Louptière près de Nogent-sur-Seine le 4 mai 1877, mort à Paris le 21 juin 1857. — Elève de Fourcroy et de Vauquelin, Thenard qui était arrivé très jeune à Paris, avec de maigres ressources, se rendit rapidement digne de ses maîtres et premiers bienfaiteurs. Son esprit essentiellement pratique et inventif, se tourna plus spécialement vers les applications industrielles de la chimie. Au reste les événements s'étaient pour ainsi dire concertés, pour le pousser dans cette voie. On raconte qu'en 1799, Chaptal, alors ministre de l'intérieur, le fit appeler dans son cabinet et sans autre préambule lui dit : « Le bleu d'outre-mer nous manque; d'ailleurs c'est en tout temps rare et cher, et Sèvres a besoin d'une belle couleur résistant au grand feu. Voici mille cinq cents francs, va me découvrir un bleu qui remplisse les conditions que j'indique. — Mais, dit Thenard... — Je n'ai pas de temps à perdre reprit Chaptal, retourne dans ton laboratoire et rapporte-moi mon bleu au plus vite. » — Un mois après, Thenard avait rempli le problème. A partir de cette époque, sa fortune grandit rapidement. Il devint successivement professeur au Collège de France; membre du Comité consultatif des mafactures créé par Napoléon ; président de la Société d'encouragement pour l'industrie nationale fondée en 1802, membre de l'Institut et de la Légion d'honneur, etc. Il eut le bonheur d'épouser la petite-fille de Conté, en 1810, et à partir de cette époque il commença à édifier la grande fortune dont il a fait un si noble usage. Se rappelant ses durs commencements et les jours sans pain de sa vie d'étudiant, c'est lui qui a fondé la Société des amis des sciences qu'il a richement dotée et qui est chargée de subvenir aux veuves et aux enfants laissés dans le besoin par des savants morts pauvres. Il faut ajouter aux découvertes de Thenard, celles de l'eau oxygénée, du bore, du bleu de cobalt, du mastic hydrofuge; c'est lui qui a donné, d'accord avec Gay-Lussac, les moyens de préparer en grand le potassium et le sodium par des réactions purement chimiques. Son *Traité élémentaire de chimie théorique et pratique* paru en 1813, est resté pendant quarante années l'ouvrage classique, par excellence, et c'est avec raison qu'on a dit que toute l'Europe de la moitié de notre siècle a appris de Thenard la chimie.

Thilorier (*Jean-Charles*). — Jurisconsulte, puis avocat au Conseil d'État et à la Cour de Cassation après la Révolution, mais plus connu pour avoir inventé un radeau plongeur pour remonter les fleuves et une voiture appelée passe-partout ou voiture à croix. (1750-1818).

Thouin (*André*). — André Thouin, dit Thouin l'aîné est né à Paris en 1747 ; il est mort dans la même ville en 1814. Fils d'un simple jardinier du jardin des Plantes, il perdit son père à dix-sept ans et prit sa place. Peu à peu, il s'éleva au dessus de sa condition, conquit la confiance et l'amitié de Buffon, de Bernard de Jussieu, et se consacra à l'agrandissement des serres, au développement des parterres et à la recherche de toutes les plantes exotiques.

Il fit partie de l'Institut à sa fondation et obtint de Napoléon en 1806 la création d'une École pratique d'agriculture où il fit un cours extrêmement suivi. Son frère Gabriel Thouin s'est fait une réputation méritée dans l'art du jardinier fleuriste et décorateur (1747-1829).

Triangulation de la Méridienne terrestre. — On appelle triangulation la division d'une portion de la surface du globe en triangles formant un canevas au moyen duquel on peut, soit dresser la carte du pays, soit mesurer une grande ligne géodésique tracée ou imaginée à travers ce canevas. C'est la méthode que Cassini a employée pour fixer la ligne méridienne de l'Observatoire de Paris. On appelle méridien terrestre ou bien ligne méridienne terrestre, ou méridienne tout court, le lieu des points de la surface de la terre pour lesquels il est la même heure sidérale en même temps. Les méridiens terrestres seraient des demi-grands cercles passant par les pôles, si la terre était sphérique; comme la terre est aplatie aux extrémités et affecte plutôt la forme d'un ellipsoïde de révolution que celle d'une sphère, les méridiens terrestres doivent présenter à peu près la figure elliptique.

L'Assemblée constituante investit Méchain avec Delambre, en 1741, de la mission de reprendre la mesure du méridien pour l'établissement du système métrique. Les deux astronomes avaient à déterminer l'arc compris entre les parallèles de Dunkerque et de Barcelone. Méchain eut à mesurer l'espace entre Barcelone et Rodez. Son opération allait être terminée au milieu d'innombrables difficultés, lorsqu'une incertitude de trois secondes dans l'évaluation de la latitude de Barcelone, lui troubla l'esprit pour la fin de ses jours. Il hésita à remettre son travail à l'Institut, ne signala pas cette erreur. Rentré en France en 1798, il fut investi de la direction du Bureau des Longitudes. Il se hâta de profiter de ces fonctions pour retourner à Barcelone dans l'espoir de supprimer cette différence de trois secondes qui empoisonnait sa vie, mais il mourut de la fièvre jaune au milieu de ses opérations.

Ce fut Biot et Arago qui furent chargés en 1806, de rectifier la triangulation du méridien terrestre pour la France : mais le méridien ne fut pas encore tracé avec une exactitude rigoureuse. En 1873, le général Perrier, alors colonel, mort général et membre de l'Institut en 1888, a été chargé de vérifier l'importance de l'erreur et de la redresser définitivement.

Tronchet (François-Denis). — Jurisconsulte d'une grande profondeur et d'une philanthropie digne d'être imitée par ceux qui font les lois et ceux qui sont chargés de les appliquer. D'une vaste érudition, d'une vive pénétration d'esprit, il était habile à discerner les véritables difficultés d'une question. Ayant renoncé de bonne heure à la plaidoirie à cause de la faiblesse de sa voix, il devint un des premiers avocats consultants de Paris. Louis XVI l'appela dans le nombre de ses conseillers, et c'est Tronchet qui prépara les éléments de la belle défense de Malesherbes. Aussi dut-il se cacher pendant la Terreur. En 1795 il rouvrit son cabinet de consultation, fut envoyé aux Anciens par les électeurs de Seine-et-Oise. Après le 18 brumaire, Napoléon le fit entrer dans la Commission chargée de rédiger le Code civil, dans lequel il s'efforça surtout de faire prédominer nos lois municipales et notre droit coutumier sur les institutions du droit romain, en cherchant à mettre dans la nouvelle législation de la clarté et de la méthode scientifique.

Université. — On sait qu'on appelle ainsi le Corps enseignant établi par l'État et représentant (du latin *universitas*) l'universalité des professeurs et des étudiants. La première en date des Universités qui ont été fondées en France et en Europe est celle de Paris et c'est une erreur d'en attribuer la création à Charlemagne qui en a été seulement le réorganisateur. A son exemple, Napoléon institua sous le nom d'Université impériale de France, par la loi du 10 mai 1806. une grande corporation laïque dont tous les membres étaient nommés par le Gouvernement et qui était exclusivement chargée de l'enseignement à tous les degrés dans toute l'étendue du territoire avec une division en trois branches : 1° Enseignement supérieur donné par les Facultés; 2° Enseignement secondaire donné par les Écoles spéciales, les Lycées et les Collèges; 3° Enseignement primaire, donné par les Écoles primaires. L'Université, malgré les changements divers de régime politique qui ont cherché à en atténuer la force ou à en augmenter l'influence, n'a pas beaucoup changé. Elle est toujours la grande dispensatrice de l'enseignement, de la collation des grades. La base scientifique sur laquelle l'a établie Napoléon lui a permis de résister aux orages de tous les partis et de continuer à régner dans toutes les sphères plus calmes de l'intelligence.

Vaccine. — La découverte de la vaccine par le médecin anglais Jenner date de 1796. En France, elle fut seulement introduite officiellement le 2 juin 1800, grâce aux effort de la Rochefoucauld-Liancourt et de Thouret, directeur de l'Ecole de médecine de Paris. Ce jour-là le Comité médical approuvé par Bonaparte, vaccina trente enfants avec le concours de

Woodville, médecin de l'hôpital de l'inoculation Jennérienne, à Londres. Le 7 février 1801, le premier Consul autorisa la création d'un hospice spécial où où devaient se faire les vaccinations et les études relatives à cette méthode préventive. En 1824, tous ces soins devinrent l'apanage de l'Académie de médecine et ils sont encore de nos jours dans ses attributions.

Les termes vacciner et vaccination ont pris de nos jours un sens beaucoup plus étendu sur lequel il est bon de donner quelques éclaircissements, en passant. Vacciner un individu, à proprement parler, c'est prendre le virus du cow-pox ou maladie spéciale à la vache (vacca) et qui est le préservatif reconnu de la variole. On appelle aujourd'hui improprement vaccin, les virus atténués, et vaccination, les inoculations de ces virus. Le vaccin antivarioleux n'est point un diminutif de la variole. La vaccine est une maladie toujours brusque. La variole est une maladie toujours sérieuse. Ainsi quand on vaccine un enfant, on lui donne une maladie particulière : la vaccine, mais on ne lui inocule pas la variole. L'avantage de la découverte du vaccin réside précisément dans cette propriété de défendre sans danger contre une maladie dont il ne dérive point. Il en est tout autrement du vaccin rabique, du vaccin cholérique, qui sont des virus atténués provenant de cultures faites artificiellement des microbes de la rage et du choléra-morbus que l'on inocule et qui préservent par leur présence adoucie du retour violent des maladies dont ils proviennent. A quatre-vingt-dix ans de distance, on voit le chemin parcouru depuis l'inoculation d'un mal, remède d'un autre, et l'inoculation du mal même contre lui-même, selon le degré d'activité de ses éléments morbigènes.

Vandermonde (*Alexis-Théophile*). — Mathématicien né à Paris en 1735, mort en 1796. Il est connu par la résolution des équations algébriques et ses recherches analytiques sur les irrationnelles d'une nouvelle espèce. Mais son vrai titre de gloire est d'avoir concouru avec Monge et Berthollet, en 1794, à la belle découverte sur la différence entre la fonte et l'acier.

Vauquelin (*Louis-Nicolas*). — Célèbre chimiste né à Saint-André-des-Bertaux près de Pont-Lévêque (Calvados) le 16 mai 1763, mort au château des Berteaux le 15 octobre 1829. Parti d'une condition très humble, il s'éleva par la seule puissance de son assiduité et de son esprit aux positions les plus enviables. Pendant plus de vingt-cinq ans, il fut l'ami et le collaborateur de Fourcroy et composa avec lui plus de soixante mémoires qui se rapportent à la composition de l'eau par la combustion du gaz hydrogène, à l'étude de l'urée, à l'analyse des calculs et concrétions animales et végétales, des os, des métaux de l'arragonite. Les mémoires qu'il a publiés seul sont au nombre de plus de cent-quatre-vingt et embrassent toute la chimie, c'est ce qui a fait dire de lui par Cuvier dans son parallèle entre Davy et Vauquelin : « Si le premier a plané comme un aigle et fait des découvertes de génie, le second a porté la lumière dans les recoins les plus obscurs. Le nom de Davy est écrit à la tête de tous les chapitres. Celui de Vauquelin est inscrit dans tous les paragraphes. » Napoléon qui avait eu l'occasion de le juger diverses fois avait l'habitude de dire : « Simple comme Vauquelin. » Sur les recommandations de Fourcroy que les événements politiques avaient porté au pouvoir, il le nomma successivement professeur au Collège de France, essayeur des matières d'or et d'argent, directeur de l'Ecole de pharmacie, professeur au Muséum, à la Faculté de médecine, membre du Conseil des arts et manufactures. Vauquelin était membre de l'Institut.

Ventenat (Etienne-Pierre). — Botaniste né à Limoges en 1757, mort à Paris en 1808. Il fut chargé par Napoléon d'établir la flore de la Malmaison et il a publié sur les belles collections de plantes de ce domaine un magnifique ouvrage en deux volumes avec cent vingt planches exécutées sous sa direction par Redouté, Sallier, Plée, etc. Son *Tableau du règne végétal* est un très précieux ouvrage dans lequel le côté philosophique de la science botanique est accusé avec une grande profondeur. Il devint membre de l'Institut à sa création.

Volney (Constantin-François). — Illustre savant et écrivain, né à Craon, en 1757, mort à Paris le 25 avril 1820. Il entreprit, étant encore très jeune, dans le plus simple équipage, le havre-sac sur le dos, un voyage en Afrique, en Arabie et en Syrie. Il en revint à trente ans, avec un excellent livre intitulé *Voyage en Egypte et en Syrie*, dans lequel l'exactitude des renseignements qu'il y donnait était telle que son ouvrage put servir de guide à Bonaparte lors de son expédition. Volney est l'auteur du fameux livre sur les *Ruines* qui a fait de lui le chef de l'école historique moderne qui ne recule devant aucune investigation et contrôle tous les documents avec sévérité. Très aimé et très estimé de Bonaparte, qui voulait le nommer ministre de l'intérieur, après le 18 brumaire, il refusa d'entrer dans la carrière politique, aimant mieux se réserver à ses travaux de linguistique. Cependant il accepta une place au Sénat et fit quand même de l'opposition avec cette petite minorité composée de Cabanis, Destutt de Tracy, Lanjuinais, Garat et autres *idéologues* comme les appelait Napoléon. Mais l'empereur se souvenant qu'il avait dû à l'intervention de Volney auprès de Carnot, en 1794, d'être réintégré dans son grade, après une suspension de quelques mois motivée par ses attaches au parti qui avait succombé le 9 thermidor, supportait patiemment cette petite guerre. Il se contentait, quand il rencontrait un de ces opposants de son pouvoir de leur dire : « Monsieur Volney, monsieur Garat, eh bien ! comment va l'idéologie ? » — C'était sa seule vengeance.

III

Le lecteur a pu assister au magnifique spectacle des découvertes et des inventions accomplies dans l'orbite de l'incomparable génie qui est le véritable enfant de ses œuvres, et par conséquent le type et l'ancêtre de la démocratie. Il a vu naître et passer sous ses yeux les merveilleuses conquêtes qui ont transformé le monde moral et économique et qui précipitent toutes les nations vers leur affranchissement définitif. Aux siècles de Périclès, d'Auguste, d'Al-Namoun, de Léon X, de François Ier, de Louis XIV, ayant chacun leur éclat et leur caractère particuliers, il est indéniable que l'avenir ajoutera celui de Napoléon. Mais les grandes époques ne marchent pas comme l'almanach. L'idée d'émancipation par la science remonte aux premières publications de Turgot, de 1750 à 1760. Cette notion a renversé plus de choses que la Révolution de 89 qui n'est, au reste, qu'un des actes de ce drame immense des luttes de l'humanité. Le progrès, fils légitime des savants qui de 1769 à 1821 ont fondé les sciences modernes, est l'œuvre véritable et immortel des grands hommes de l'Institut de France, de l'Expédition d'Egypte, de l'Ecole polytechnique, du Muséum, de l'École normale, de la Légion d'honneur.

On a reproché à Napoléon ses victoires, ses batailles perdues, le sang répandu dans les plaines de l'Europe. Mais il a au moins racheté par un amour véritable de la science et les fondations les plus utiles, sa passion extrême de domination. Est-ce que les conquérants, nos contemporains, pourront opposer à leurs affreuses guerres des services aussi manifestement rendus à tous les peuples ? La comparaison n'est pas soutenable. Les hommes de guerre du XIXe siècle resteront bien petits auprès de Napoléon, n'ayant aimé ni la science, ni les savants, s'étant astreints à l'art seul de détruire, et demeurant plus près d'Attila que de César ou d'Alexandre.

Aucun homme, dans aucun pays, dans aucun temps n'a été aussi grand dans les choses de la guerre unies aux choses de la paix. Ni Périclès, ni Alcibiade, les Scipions, Annibal, Charlemagne, Gengis-Khan, Charles-Quint, Condé, Turenne, Charles XII, Pierre le Grand, Frédéric II, le maréchal de Saxe, ni aucun des généraux de la Révolution et de l'Empire, n'ont possédé des talents militaires comparables aux siens, en faisant même la part de l'époque. N'oublions jamais qu'il a fait flotter le drapeau tricolore sur l'Europe entière, qu'il a supprimé les nationalités à notre profit, abaissé les Rois, transformé l'univers, portant partout, avec l'unité démocratique, la civilisation et le progrès, et que la France a compté cent trente départements pendant ses quinze années de règne. Ne diminuons pas Napoléon. C'est faire le jeu de la réaction et de tous nos ennemis. En écrivant ces conclusions, nous apprenons que le gouverneur d'Ulm pour complaire à Guillaume II et à M. de Bismark a ordonné de faire sauter le rocher historique du haut duquel le futur vainqueur de la Prusse assista, le 27 octobre 1805. au défilé des troupes ennemies, après la capitulation de la forteresse. C'est une vengeance mesquine et rétrospective, retardant sur le souvenir de toutes ces victoires merveilleuses qui vont avoir leurs centenaires successifs dans peu d'années. Apprêtons-nous plutôt à célébrer ces dates qui constituent notre patrimoine de gloire militaire.

Pour nous, homme de paix et de travail, ce qui complète le génie de Napoléon, c'est qu'il a toujours eu la préoccupation des intérêts de la science et des savants. De loin comme de près il n'a cessé de suivre le mouvement scientifique et de l'encourager. Fait étrange et sans précédent chez un conquérant, c'est à l'instant même de ses angoisses les plus terribles que Napoléon revenait aux travaux de l'esprit. Le lecteur en aura la preuve un peu plus loin. Quand il a porté des jugements sur les découvertes nouvelles, il les a formulés toujours en appréciations brèves et caractéristiques d'un homme de génie à qui la nature a donné la rare faculté de saisir du premier coup d'œil les points culminants des objets.

C'est ainsi que le 27 vendémiaire an X (17 septembre 1802), après avoir reçu un volume de l'*Exposition du système du monde*, de Laplace, le général

Bonaparte écrivit à son auteur : « Les premiers six mois dont je pourrai disposer seront employés à lire votre bel ouvrage. » Ces mots, *les premiers six mois* enlèvent à la phrase la banalité d'un remerciement ordinaire et renferment une juste appréciation de l'importance et de la dificulté de la matière.

Le 5 frimaire an XI (27 janvier 1803), la lecture de quelques chapitres de la *Mécanique céleste*, le second ouvrage que Laplace venait de publier, était pour Bonaparte : « une occasion nouvelle de s'affliger que la force des circonstances l'eût dirigé dans une carrière qui l'éloignait de celle des sciences. Au moins, je désire vivement, ajoutait-il, que les générations futures en lisant ce livre, n'oublient pas l'estime et l'amitié que j'ai portées à son auteur. »

Le 17 prairial an XIII (6 septembre 1805), le premier consul devenu Empereur écrivait de Milan : « La *Mécanique céleste* me semble appelée à donner un nouvel éclat au siècle où nous vivons. » Enfin, le 12 août 1812, Napoléon à qui le *Traité du calcul des probabilités*, le troisième ouvrage de Laplace, était parvenu, écrivait de Witepsk, la lettre que nous transcrivons textuellement :

« Il fut un temps où j'aurais lu avec intérêt votre *Traité du calcul des probabilités*. Aujourd'hui je dois me borner à vous témoigner la satisfaction que j'éprouve toutes les fois que je vous vois donner de nouveaux ouvrages qui perfectionnent et étendent la première des sciences et contribuent à l'illustration de la nation. L'avancement, le perfectionnement des mathématiques sont liés à la prospérité de l'Etat. »

Napoléon a même été parfois jusqu'à sacrifier sa gloire militaire pour protéger les savants et sauver leur vie. Arago qui se complaisait dans ces souvenirs si honorables pour la science a raconté que la flottille du Nil commandée par le chef de division Perrée, aurait probablement éprouvé une défaite, près de Chebréys, si Bonaparte ne fût accouru pour mettre fin à la fusillade de la nuée d'Arabes, de fellahs et de Mameluks qui couvraient les deux rives du fleuve. Le général, en se jetant dans les bras de Monge qui venait de débarquer, lui adressa des paroles que l'histoire doit enregistrer : « Vous êtes cause, mon cher ami, que j'ai manqué mon combat de Chebréys. C'est pour vous sauver que j'ai précipité mon mouvement de gauche vers le Nil, avant que ma droite eût tourné suffisamment vers le village, d'où aucun Mameluk, sans cela, ne se serait échappé ! »

Arago prétendait qu'il avait vainement cherché dans ses souvenirs un témoignage d'amitié qui pût être mis en parallèle avec celui que nous avons rapporté. En manquant volontairement un combat pour sauver Monge, il est certain que le général Bonaparte fit à son ami le plus lourd de tous les sacrifices, en Egypte pour ne pas laisser tomber la tête du grand géomètre sous le yatagan des Arabes. A Paris, un peu plus tard, il commit une indiscrétion qui aurait pu amener l'insuccès du coup d'Etat de Saint-Cloud. « Engagez vos deux gendres à ne pas aller aux Cinq-Cents, dit Bonaparte à Monge, la veille du 18 Brumaire ; demain nous tenterons une opération qui pourrait certes bien se terminer par une lutte violente ; il y aura peut-être du sang répandu. »

Au retour d'Egypte, Monge et Berthollet firent le voyage de Fréjus à Paris avec Bonaparte, et dans sa voiture. Leurs vêtements dataient de deux ans, et étaient complètement usés. Là où le général n'était pas reconnu, les paysans, quand ils voyaient descendre les deux savants, ne manquaient pas de s'étonner que des individus ainsi faits se fussent avisés de courir la poste avec six chevaux.

Le moyen le plus assuré de conquérir l'affection et la reconnaissance d'un homme de cœur, c'est d'être favorable à ses amis. Napoléon ne le méconnut pas. Il accueillait les demandes que Monge lui adressait pour des savants dans l'adversité avec un grand empressement. Souvent la concession d'une faveur était entourée de formes qui en doublaient le prix.

— Vous avez plusieurs fois voulu me faire de riches cadeaux, dit un jour Monge à l'Empereur. Je ne l'ai pas oublié, mais vous vous souviendrez aussi que je ne l'ai jamais accepté. Aujourd'hui, au contraire, je viens vous demander, sans hésiter, une forte somme.

— Cela m'étonne, Monge. — Parlez, je vous écoute.

— Berthollet est dans l'embarras, continua l'auteur de la *Géométrie descriptive*; lui qui calcule si bien, quand il s'agit d'analyses chimiques, s'est jeté dans des constructions de machines, de laboratoires, dans de grandes dépenses relatives, à des jardins destinés à des expériences. Ses prévisions ont été dépassées. Mon ami doit cent mille francs.

— Je ne veux pas vous priver du plaisir de les lui offrir ; vous recevrez demain un bon de cent mille francs sur ma cassette.

Dans la nuit, Napoléon changea d'avis : au lieu d'un bon, il en envoya deux : cent mille francs étaient destinés à Berthollet, et cent mille francs à Monge.

Cette fois le géomètre ne fut pas libre de refuser. Les termes de la lettre d'envoi n'en laissaient pas la possibilité. L'ancien général de l'armée d'Orient ne voulait pas consentir à créer une différence entre les deux moitiés du savant *Monge-Berthollet*, que les soldats avaient si singulièrement réunis en Egypte.

Après Waterloo, le grand vaincu de la destinée habitait le palais de l'Elysée. Dans un de ses entretiens intimes avec Monge, François Arago a raconté que Napoléon développa les projets qu'il avait en vue. L'Amérique fut d'abord son point de mire. Il croyait pouvoir s'y rendre sans difficulté, sans obstacle et y vivre librement. « Le désœuvrement, disait-il, serait pour moi la plus cruelle des tortures. Condamné à ne plus commander des armées, je ne vois que les sciences qui puissent s'emparer fortement de mon âme et de mon esprit. Apprendre ce que les autres ont fait ne saurait me suffire. Je veux dans cette nouvelle carrière, laisser des travaux, des découvertes, dignes de moi. Il me faut un compagnon qui me mette d'abord et rapidement au courant de l'état actuel des sciences. Ensuite nous parcourrons ensemble le nouveau continent, depuis le Canada jusqu'au Cap Horn, et dans cet immense voyage nous étudierons tous les grands phénomènes de la physique du globe, sur lesquels le monde savant ne s'est pas encore prononcé. »

Monge, transporté d'enthousiasme, s'écria : « Sire, votre collaborateur est trouvé : je vous accompagne! » Napoléon remercia son ami avec effusion. Il lui fit comprendre, non sans peine, qu'un septuagénaire ne pouvait guère se lancer dans une entreprise si pénible, si longue, si fatigante. « Sire, répliqua Monge, j'ai votre affaire avec la personne d'un de mes jeunes confrères, dans Arago. »

Monge exposa au futur auteur de l'*Astronomie populaire*, sous les plus vives couleurs, tout ce que la proposition avait de glorieux pour son objet, et plus encore à cause de la position du personnage illustre et infortuné au nom duquel elle était faite. Une somme considérable devait dédommager Arago de la perte de ses places; une autre forte somme était destinée à l'achat d'une collection complète d'instruments d'astronomie, de physique, de météorologie.

La négociation n'eut point de résultat. Elle avait eu lieu à l'instant même où l'armée anglaise et l'armée prussienne réunies au lendemain de Waterloo s'avançaient à marches forcées sur la capitale. Arago pensait que Napoléon avait commis une faute irréparable en venant à Paris s'occuper des questions oiseuses, intempestives de la Chambre des représentants, au lieu de rester à la tête des troupes pour les rallier et faire en France, sur les bords de la Seine, un dernier et solennel effort. Il déclara à Monge qu'il n'avait pas dans ce moment, lui, simple savant et patriote, assez de liberté d'esprit pour s'occuper du cap Horn, des Cordillières, de températures, de pressions barométriques, de géographie physique, dans un moment où la France allait perdre peut-être son indépendance et disparaître de la carte de l'Europe. Ce refus catégorique d'accompagner l'Empereur en Amérique, de devenir collaborateur d'un si grand homme dans des recherches scientifiques variées frappa de stupeur l'illustre géomètre. Jamais il n'avait placé d'avance une telle résolution dans le cercle des possibilités. Il la regarda comme l'effet d'une aberration momentanée dans l'intelligence d'Arago et il alla demander de nouveau à partir. Dans l'intervalle les événements s'étaient précipités. Napoléon allait devenir le prisonnier de l'Angleterre. Ici le domaine cesse de nous appartenir. La science n'est point persécutrice comme la politique. Waterloo avait frappé mortellement le savant, et le capitaine. Rien n'est plus glorieux et plus délicat pour la mémoire de ces deux hommes immortels que l'aveu touchant de Monge lui-même : « J'ai quatre passions : la Géométrie, l'École polytechnique, Bonaparte et Berthollet. » Au moment de s'embarquer sur le *Bellérophon*, Napoléon s'écria : « Dites bien à Carnot que c'est un homme adorable ! » Un peu plus tard, à Sainte-Hélène, faisant un jour devant son entourage, le dénombrement des principaux personnages de la République et de l'Empire, avec lesquels il avait eu des relations charmantes, il dit sans chercher à déguiser son émotion : « Quant à Monge, il m'aimait comme on aime une maîtresse, et je le lui rendais bien. » – Voilà des paroles très propres à ramener au souvenir de Napoléon, ami des sciences et des savants, des sympathies qui ne peuvent ou ne veulent aller au potentat et à l'homme de guerre.

CHAPITRE SIXIÈME

BIBLIOGRAPHIE DE NAPOLÉON

Nous avons pensé qu'il serait utile pour le lecteur d'avoir sous les yeux la liste des principaux ouvrages qui ont été faits expressément sur Napoléon ainsi que celle de ceux dans lesquels il n'est jugé qu'en passant, mais d'une façon suffisante pour donner une idée des appréciations extrêmement variées qui ont été portées sur sa prodigieuse vie. Nul homme n'a été en butte après sa mort à des dithyrambes aussi exagérés et à des diatribes aussi passionnées. Nous n'avons pas la prétention d'avoir composé un travail complet, car il faudrait un volume entier pour établir une nomenclature de tous les ouvrages qui depuis le siège de Toulon jusqu'à nos jours ont été consacrés à Napoléon Bonaparte. Tel qu'il est, notre tableau est intéressant à parcourir, et il servira d'indication à tous ceux qui auront la curiosité de pénétrer plus avant dans l'existence si instructive et si merveilleuse de cet extraordinaire génie.

Anonyme. — Recherches sur le procès et la condamnation du duc d'Enghien.

Anonyme. — Mémoires d'un page pour servir à l'histoire de l'intérieur des cours de France, de Naples, de Madrid, de Hollande, de Westphalie, de Turin et de Florence, sous la dynastie de Napoléon. — 4 vol. in-8. Ladvocat, libraire, 1829.

Arnault. — Mémoires.

Assollant (Alfred). — Jean Rosier (récits des guerres de Bonaparte). — Les campagnes de Russie.

Aure (d' comte). — Bourrienne et ses erreurs volontaires et involontaires. Paris, 1830.

Balzac (Honoré de). Voir *passim* la Comédie humaine.

Barbier (Auguste). — Voir ses *Iambes* et *Poèmes.*

Barni (Jules). — Napoléon Ier (Bibliothèque utile). — Napoléon Ier et son historien M. Thiers.

Barral (Georges). — Histoire des sciences sous Napoléon Bonaparte, avec une étude du génie scientifique de Napoléon, des notices scientifiques sur les savants, les découvertes, inventions, fondations, applications industrielles qui ont illustré la France de 1769 à 1821 et une bibliographie de Napoléon. 1 vol. 1889. Albert Savine, éditeur.

Bassanville (madame de). — Les salons d'autrefois.

Beauharnais (Hortense de). — Mémoires de la Reine Hortense.

Beausset. — Mémoires anecdotiques par Beausset, préfet du palais impérial.

Becker. — Relation de la mission du lieutenant général Becker auprès de l'Empereur Napoléon. Clermont-Ferrand, 1841.

Belmontet (Louis). — Voir ses poésies, notamment : l'Empereur n'est pas mort (1841). Il a dirigé la publication des Mémoires de la Reine Hortense.

Béranger. — Voir le recueil de ses admirables chansons.

Bertrand (général). — Campagnes d'Egypte et de Syrie dictées par Napoléon à Sainte-Hélène (1847, 2 vol.)

Beugnot. — Mémoires du comte Beugnot.

Beyle (Henry). — (Stendhal.) — La Chartreuse de Parme. — Fragments sur Napoléon.

Bignon (baron).— Histoire de la France depuis le 18 brumaire jusqu'en 1812 (Paris 1829-1838). 10 vol.

Biographie universelle de Michaud. — Voir dans cette collection de 52 vol. in-8° publiés de 1810 à 1828 tout ce qui se rapporte à Napoléon Bonaparte.

Bonaparte (Louis). — Réponse à Walter Scott sur son histoire de Napoléon (1828). — Observations sur l'histoire de Napoléon par M. de Norvins. (1834).

Bonaparte (Lucien). — Mémoires.

Bonnechose (Emile de). — Histoire de France. La 3e édition a été poussée jusqu'en 1869.

Bourget (Paul). — Psychologie contemporaine.

Bourrienne. — Mémoires de M. Bourrienne, ministre d'Etat sous Napoléon, le Directoire, le Consulat, l'Empire et la Restauration. 7 vol. chez Ladvocat, libraire de S. A. R. le duc de Chartres. Quai Voltaire et Palais-Royal à Paris. 1829. — 8 volumes in-8° avec cette épigraphe :

— Eh bien, Bourrienne, vous serez aussi immortel, vous!

— Et pourquoi, général?

— N'êtes-vous pas mon secrétaire ?

— Dites-moi le nom de celui d'Alexandre?...

Bourrienne, fut secrétaire de Bonaparte de 1797 à 1802. Il était né en 1769 comme Bonaparte et fut son camarade intime à l'Ecole de Brienne.

Burette (*Th.*). — Histoire de France.

Byron (*Lord*). — Voir ses œuvres.

Cambacérès. — Mémoires inédits.

Capefigue.— Histoire de l'Europe pendant le Consulat et l'Empire.

Carlyle. — Histoire de la Révolution Française.

Casse (*du*). — Les Rois, frères de Napoléon.

Cesena (*Amédée de*). — Les Césars et les Napoléons. 1861.

Channing. — Vie et caractère de Bonaparte.

Charras (*colonel*). — La campagne de 1815. — Waterloo.

Chateaubriand. — De Buonaparte et des Bourbons (1814). — Parallèle de Bonaparte et de Washington (1827). — Mémoires d'outre-tombe (1848).

Chénier (*Marie-Joseph de*). — Voir sa tragédie de Cyrus, son Epître à Voltaire, sa promenade à Saint-Cloud.

Coignet (*le capitaine Jean-Roch*). — Cahiers sur Napoléon.

Constant (*Benjamin*).—Lettres sur les Cent Jours.

Constant. — Mémoires sur la vie privée de Napoléon, sur sa famille, sa cour, par Constant, premier valet de chambre de l'Empereur depuis 1799 jusqu'en 1814. 4 vol. in-8°. — Ladvocat, libraire, 1829.

Costaz. — Mémoire sur l'agriculture et l'administration suivi d'un Essai sur l'essor des arts et des sciences de 1793 à 1815.

Coston (*baron de*). — Biographie des premières années de Napoléon Bonaparte. (1802, Montélimart).

Cousin d'Avallon. — Bonapartiana (1801) 2 vol.

Damas-Hinard. — Napoléon, ses opinions, ses jugements.

Davoust. — Correspondance du maréchal Davoust publiée par sa fille, madame de Blosseville.

Desgenettes. — Histoire médicale de l'armée d'Orient.

Despois (Eugène). — Les lettres et la liberté (Périclès, Auguste, Frédéric, Napoléon).

Destrem (J.). — Les déportations du Consulat.

Dumas (Alexandre). — Napoléon.

Durand (la générale). — Mémoires.

Duruy (Albert). — Réponse aux attaques de M. Taine contre Napoléon.

Duvergier de Hauranne (madame E.). — Histoire populaire de la Révolution française.

Erckmann-Chatrian. — Le conscrit de 1813.

Eugène. — Mémoires du prince Eugène.

Fain (baron). — Mission de 1812.

Fauriel (Claude). — Les derniers jours du Consulat (manuscrit inédit, mais communiqué).

Fievée. — Mémoires et souvenirs sur Napoléon (1803-1813).

Fouché, duc d'Otrante. — Mémoires.

France (Anatole). — La vie littéraire (1887).

Gaudin, duc de Gaëte. — Mémoires.

Gautier (Théophile). — Emaux et Camées.

Genoude (de). — Histoire de France.

Gohier. — Mémoires.

Goujon. — Bulletin officiel de la Grande Armée. 2 vol.

Gourgaud (le baron, général). — Mémoires pour servir à l'Histoire de France sous Napoléon. — Relation de la campagne de 1815. — Napoléon et la grande armée en Russie. — Réfutation de la vie de Napoléon par Walter Scott.

Guillois. — Napoléon, l'homme, le politique, l'orateur, d'après sa correspondance et ses œuvres, 2 vol-in-8°. 1889.

Grille et Musset-Pathay. — Suite au Mémorial de Sainte-Hélène, ou Observations critiques pour servir de supplément et de correctif à cet ouvrage (Paris 1824, 2 vol. in-8°).

Haussonville (comte d'). — L'Eglise romaine et le premier Empire.

Heine (Henri). — Le tambour-major. Les deux grenadiers. Voir *passim* dans ses œuvres.

Holland (Lord). — Mémoires.

Houssaye (Henry). — 1814, 1 vol. publié en 1883.

Hudson Lowe. — Mémoires.

Hugo (Abel). — Histoire de Napoléon (1833).

Hugo (Victor). — Voir ses poésies, *passim*, et les Misérables.

Iung (général). — Napoléon Bonaparte.

Jacob (le bibliophile). — Œuvres politiques et littéraires de Napoléon. 1840.

Jomini. — Histoire critique et militaire des campagnes de la Révolution de 1792 à 1801. — Vie politique et militaire de Napoléon. — Précis politique et militaire de la campagne de 1815.

Journaux. — Voir les journaux en 1814 et en 1815 après la chute de Napoléon, notamment *Le Journal des Débats* (mai 1814), sous la signature de Boutard; — *Le Journal de Paris* (mars 1815), sous la signature de Jay et sous celle de l'abbé Salgues.

Juste (Théodore). — Napoléon Ier (1 vol. de la Bibliothèque Gilon). Verviers, 1888.

Kéralio (de). — Notes de sortie de Brienne.

Kermoysan (de). — Napoléon.

Lacretelle (Charles de). — Histoire du XVIIIe siècle. — Histoire de la Convention nationale.

Lamartine (*Alphonse de*). — Entretiens familiers. Poésies. Voir *passim*.

Lanfrey. — Histoire de Napoléon.

Lapointe (*Savinien*). — L'homme de Sainte-Hélène.

Larousse (*Pierre*) — Voir Bonaparte et Napoléon dans le Grand *Dictionnaire Universel du* XIXe *siècle*.

Las Cases. — Mémorial de Sainte-Hélène, journal où se trouve consigné jour par jour tout ce qu'a dit et fait Napoléon pendant dix-huit mois, de juin 1815 au 27 nov. 1816 (28 vol. in-8).

Laurentie. — Histoire de France.

La Valette. — Mémoires.

Laurent de l'Ardèche. — Histoire de Napoléon (1828) rééditée avec 500 dessins d'Horace Vernet en 1838, 1842 et 1849. — Réfutation des Mémoires du Maréchal Marmont, duc de Raguse.

Libri. — Souvenirs de la jeunesse de Napoléon. — 1842.

Littérature dramatique. — Voir toute la litttérature dramatique de juillet 1830 à nos jours, surtout de 1830 à 1860, dans laquelle la figure, les souvenirs, les faits et gestes du général Bonaparte et de l'empereur Napoléon sont exploités avec un eémulation inouïe, dans les annales du théâtre, même pour un héros populaire.

Loriquet (*P.*). — Histoire de France à l'usage de la jeunesse, avec cartes géographiques, depuis l'origine de la monarchie française jusqu'à l'année 1816. A. M. D. G. (ad majorem Dei gloriam). (Lyon, Ruband, libraire-imprimeur du Roi, 1823, 2 petits volumes in-18. — Tel est le titre complet de ce fameux ouvrage dans lequel notamment Napoléon est travesti de la belle façon. C'est une insulte permanente au bon sens, à la vérité, au patriotisme. C'est un document de bêtise et d'infamie.

Maindron (*Ernest*). — L'Académie des Sciences. Histoire de l'Institut national. Bonaparte membre de l'Institut. 1 vol. 1888, Félix Alcan, éditeur.

Maistre (*comte de*).—Correspondance diplomatique.

Marco Saint-Hilaire. — Campagnes de Russie. — Anecdotes sur Napoléon Ier.

Marmont (*maréchal*). — Mémoires du duc de Raguse.

Martel (*Tancrède*).—Œuvres littéraires de Napoléon Bonaparte avec une étude sur Napoléon écrivain. — 4 vol. 1888. Albert Savine, éditeur.

Massias (*baron*). — Napoléon jugé par lui-même, par ses amis et par ses ennemis — 1832. 1 vol in-8°.

Mathieu Dumas (*comte*). — Souvenirs.

Meneval (*baron*). — Souvenirs historiques sur Napoléon. — Napoléon et Marie-Louise.

Metternich (*Prince de*). — Mémoires.

Michelet. — Voir son Histoire et son Précis de la Révolution française ; son Histoire du XIXe siècle ; les Origines des Bonaparte ; son Abrégé de l'histoire des temps modernes.

Mignet.—Notice sur le baron Bignon, auteur d'une *Histoire de la France depuis le 18 brumaire jusqu'en* 1812. — Histoire de la Révolution française de 1789 à 1814.

Miot de Mélito. — Mémoires.

Moniteur Universel.—Voir la collection de l'époque.

Montholon (*général comte de*).— Fragments religieux inédits recueillis à Sainte-Hélène (1 vol. 1841). — Récits de la captivité de Napoléon à Sainte-Hélène, — 2 vol. in-4· 1847). Mémoires pour servir à l'Histoire de France sous Napoléon, écrits à Sainte-Hélène, sous sa dictée (8 vol. in-8°, 1823).

Morel (*A.*) — Napoléon Ier et Napoléon III.

Musset (*Alfred de*).— Confessions d'un enfant du siècle. Voir *passim* dans ses œuvres.

Napoléon. — Correspondance de Napoléon publiée sous la direction du prince Napoléon, 32 vol.

Napoléon III. — Etudes mathématiques de Napoléon. Idées napoléoniennes. Publications diverses.

Napoléon (*Prince*). — Napoléon et ses détracteurs, 1 vol. in-18, 1887. Calmann Lévy, éditeur.

Nodier (*Charles*). — Souvenirs, épisodes et portraits pour servir à l'Histoire de la Révolution et de l'Empire (1831, 4 vol. in-8°). — Souvenirs de jeunesse (in-8°. 1832).

Norvins (*de*). — Histoire de Napoléon. — Tableau de la Révolution française jusqu'en 1814. — Le portetefeuille de 1813 ou choix de la correspondance inédite de Napoléon. — Histoire de la campagne de 1813. Histoire de la France pendant la République, le Consulat, l'Empire, la Restauration. Cet ouvrage publié en 1839 était destiné à faire suite à l'histoire d'Anquetil (1723-1806) s'arrêtant à 1789,et composé par ce dernier à l'âge de 80 ans sur l'invitation de Napoléon.

Oger. — Les Bonaparte et les frontières de la France.

Oilleaux-Desormais (*madame*).— Le duc de Bassano; Souvenirs intimes de la Révolution et de l'Empire 1842. 2 vol. in-8°.

O'Meara (*Barry-Edouard*). — Relations des événements arrivés à Sainte-Hélène postérieurement à la nomination de Sir Hudson Lowe au gouvernement de cette île (Paris, 1819, in-8°). — Documents particuliers sur Napoléon d'après les données fournies par Napoléon lui-même et par des personnes qui ont vécu dans son intimité (Paris,

1819, in-8°). — Documents historiques sur la maladie et la mort de Napoléon Bonaparte (1821). — Napoléon en exil ou l'Echo de Sainte-Hélène, ouvrage contenant les opinions et les réflexions de Napoléon sur les événements les plus importants de sa vie (1822).

Parquin-Cochelet (*Mᵉ*). Mémoires sur la Reine Hortense et la famille impériale (Bruxelles, 1837).

Pastoret. — Adresse de la Chambre des Pairs à Louis XVIII.

Proudhon (*P. J.*). — La Révolution sociale.

Pradt (*abbé de*). — Histoire de l'Ambassade dans le grand-duché de Varsovie.

Pujol (*Auguste*) — (*Léonce de Lavergne*). — Œuvres choisies de Napoléon avec une notice (1843-1845).

Quinet (*Edgar*). — Napoléon (Poème). — Histoire de mes idées. — Histoire de la campagne de 1815.

Raffet. — Histoire de Bonaparte, série de 25 planches lithographiées par Raffet, prenant Bonaparte à sa naissance le 15 août 1769 et le conduisant au 18 brumaire, an VIII (9 nov. 1799).

Regnault (*Elias*). — Histoire de huit ans, tome Iᵉʳ. Le retour des cendres de Napoléon.

Rémusat (*madame de*). — Mémoires publiés par son petit-fils, M. Paul de Rémusat. Ecrits en 1818, parus en 1874.

Rœderer (*P. L.*).. — Œuvres du comte Rœderer.

Rovigo. — Mémoires du duc de Rovigo. — Bourrienne et ses erreurs.

Sainte-Beuve. — Causeries du lundi. Voir *passim.*

Scott (*Walter*). — Histoire de Napoléon.

Ségur (*comte Philippe de*). — Histoire de Napoléon et de la Grande Armée.

Stael (*madame de*). — Considérations sur la Révolution française.

Sybel (*H. de*).— Histoire de l'Europe pendant la Révolution française.

Taine. — Origines de la France contemporaine — La Reconstruction de la France en 1802.

Talleyrand. — Mémoires inédits dont quelques cahiers ont été communiqués, mais qui ne seront publiés qu'en 1796.

Thiers. — Histoire de la Révolution française. 10 vol. — Histoire du Consulat et de l'Empire. 20 vol.

Vandal (*comte, Albert de*).—Documents inédits sur le deuxième mariage de Napoléon.

Vaulabelle (*Achille de*). — Histoire des deux Restaurations.

Villemain. — Histoire des Cent Jours.

Welschinger (*Henri*). — La Censure sous le premier Empire. — Le duc d'Enghien. — Le divorce de Napoléon.

Wauwermans (*général*).— Napoléon et Carnot. Episode de l'Histoire militaire d'Anvers (1803-1815) in-8°, 2 pl.

FIN

TABLE DES MATIÈRES

Lettre dédicace au Prince Napoléon. v

CHAPITRE PREMIER.— Le Génie scientifique de Napoléon Bonaparte 1

I. — Éducation scientifique de Napoléon Bonaparte 6

II. — Caractère scientifique de l'œuvre militaire de Napoléon. 18

III. — Caractère scientifique du gouvernement et des fondations de Napoléon. 22

CHAPITRE DEUXIÈME. — Napoléon écrivain scientifique et penseur 38

CHAPITRE TROISIÈME.— Napoléon à l'Institut de France. 56

I. — Élection du général Bonaparte à l'Institut. 57

II. — Rôle du général Bonaparte à l'Institut. . . 61

III. — Rôle du premier Consul à l'Institut. . . . 67

IV. — Rôle de l'Empereur Napoléon à l'Institut. 77

V. — Histoire de la démission de Napoléon, membre de l'Institut 89

Chapitre quatrième. — L'expédition d'Égypte. . . . 96
I. — Organisation scientifique de l'expédition d'Égypte 96
II. — Création de l'Institut du Caire. 102
III. — Notes du général Bonaparte sur l'Égypte. 107
Chapitre cinquième — Notices historiques sur les savants, les découvertes scientifiques, les fondations, les applications industrielles qui ont illustré la France de 1769 à 1821 118
Chapitre sixième. — Bibliographie de Napoléon. . . 278

FIN DE LA TABLE

Imprimerie Générale de Châtillon-sur-Seine. — M. Pepin

www.ingramcontent.com/pod-product-compliance
Lightning Source LLC
LaVergne TN
LVHW020548230826
846091LV00002B/412

* 9 7 8 2 3 2 9 5 6 0 2 8 1 *